Experimenting with Babies:
50 Amazing Science Projects You Can Perform on Your kid

和宝宝玩神奇的心理游戏
50个让你了解0—2岁孩子的趣味科学实验

【美】Shaun Gallagher 著

张旭彤 译

中国轻工业出版社

图书在版编目（CIP）数据

和宝宝玩神奇的心理游戏：50个让你了解0—2岁孩子的趣味科学实验／（美）肖恩·加拉格尔（Shaun Gallagher）著；张旭彤译. —北京：中国轻工业出版社，2019.5

ISBN 978-7-5184-2094-0

Ⅰ. ①和… Ⅱ. ①肖… ②张… Ⅲ. ①婴幼儿心理学－通俗读物 Ⅳ. ①B844.12-49

中国版本图书馆CIP数据核字（2018）第209592号

版权声明

Copyright © 2013 by Shaun Gallagher
This edition arranged with DeFiore and Company Literary Management, Inc. through Andrew Nurnberg Associates International Limited.

总 策 划：石　铁
策划编辑：孙蔚雯　　　　　责任终审：杜文勇
责任编辑：孙蔚雯　　　　　责任监印：刘志颖

出版发行：中国轻工业出版社（北京东长安街6号，邮编：100740）
印　　刷：三河市鑫金马印装有限公司
经　　销：各地新华书店
版　　次：2019年5月第1版第1次印刷
开　　本：880×1230　1/32　印张：7.375
字　　数：78千字
书　　号：ISBN 978-7-5184-2094-0　定价：48.00元

读者服务部邮购热线电话：010-65125990，65262933　传真：010-65181109
发行电话：010-85119832　传真：010-85113293
网　　址：http://www.wqedu.com
电子信箱：1012305542@qq.com
如发现图书残缺请直接与我社读者服务部（邮购）联系调换
180604Y2X101ZYW

献给我的孩子们，
他们是我最爱的科学项目

译 者 序

本书作者肖恩·加拉格尔（Shaun Gallagher）曾在回答网友的问题时提到，他考虑过使用 *Experimenting on babies*[1] 而非现在的 *Experimenting with babies*[2] 来作为本书的书名，但最终觉得后者更为合适。在我看来，这个选择充分体现了这本书的写作宗旨——并非是让读者掌握严谨的心理学实验方法、成为能够"操控"宝宝行为的"专家"，而是通过将科学研究转化为有趣的、易于在家中尝试的亲子游戏，为爸爸妈妈们创造更多的与宝宝互动的机会，增进与宝宝的相互了解。

没错，爸爸妈妈和宝宝之间的了解是相互的。当你翻开这本书，和自己的宝宝一起尝试其中的小游戏时，不仅是你在仔细地

---

[1] 直译大意：在宝宝身上做实验。

[2] 直译大意：和宝宝做实验。但为了中文读者更好理解本书，现中文书名为《和宝宝玩神奇的心理游戏——50个让你了解0—2岁孩子的趣味科学实验》。

观察宝宝、琢磨他们的行为和心理活动，宝宝也在观察你的一举一动、"分析"你的表情和声音。这样的相互了解发生在日常生活的每一次互动中，而正是这一点一滴的相处，逐渐塑造着爸爸妈妈（或其他主要照料人）和宝宝之间的相处模式——这种相处模式可能会对亲子关系的发展以及宝宝的成长产生深远的影响。

　　对于许多爸爸妈妈来说，从宝宝还没降生的时候开始，关于"婴儿的行为特点""如何养育孩子"的知识多半是从亲戚朋友、育儿节目以及各式各样的育儿书籍中获得的，而且五花八门。宝宝出生后，当你第一次抱起他时，你就像复习备考了几个月、将要走上考场的考生，或是信心满满、或是紧张不安地开始作答"为人父母"这张考卷。可是很明显，考卷上的问题庞杂而开放，根本不像复习资料上的标准答案。每个宝宝都是如此独特，即使你牢记再多有关婴儿发展的普遍规律，也很难懂得自家宝宝的每个动作、每个声音和每个表情背后的含义。不过没关系，你对于婴儿普遍发展规律的了解十分宝贵，只要再加上一点"实验精神"，你就能在不断的实践中了解宝宝的需求，并给予积极的回应。宝宝哭起来了，他是饿了？需要换尿布了？还是想要爸爸妈妈抱一抱、哄一哄？宝宝好像不爱吃某种辅食，到底是为什么？有没有什么"花招"能让她改变主意呢？对于这些问题，每个宝宝身上都藏着独一无二的答案，而本书介绍的，是发展心理学家在大量婴儿身上观察到的行为倾向，以及爸爸妈妈们通过设置不同情境、观察宝宝的反应，从而推断其具体需求与心理活动的方法。或许，你所找到的答案有时与书中的假设一致，有时又完全不同。就像作者在前言中提到的，不必太过担心，存在个体差异十分正常。况且，对于每一项发展心理学研究来说，即使方法完全严谨，观察到的也仅仅是在特定情境下参与实验的群体的行为倾向，而不一定是普适性的"真理"——科学心理学对某个现象的理解依赖于大量实验的彼此重复、对实验步骤或条件的不断调整和改进。当然，对普遍行为规律的探索可以交给心理学研究者们去操心，爸爸妈妈们则可以利用他们的发现，专心解读自家的宝宝。

  对于宝宝来说呢？从第一次睁开眼睛开始，爸爸妈妈通常是宝宝最先密切接触的人，也就理所当然地成为了宝宝了解"人"以及"人际互动"的最佳"观察样本"。在阅读本书的过程中，你可能会注意到，许多小实验都体现了宝宝对身边的人的强烈兴趣与密切观察。例如，宝宝在刚出生不久时，就会对与人的面孔结构类似的形象表现出特别的兴趣；再大一点的宝宝会通过观察爸爸妈妈或其他人的表情和动作等，推测他们对于某个事物的态度，从而确定自己应该采取什么行动（例如，当一个陌生人出现时，宝宝可能会通过观察爸爸妈妈对对方是很友好还是很恐惧，来决定自己是否愿意让陌生人接近）。此外，在爸爸妈妈不断摸索宝宝的需求和行为习惯时，宝宝其实也在做着同样的事情——"假如我想要爸爸妈妈陪我玩，是发出咿咿呀呀的声音、冲爸爸妈妈笑一笑就能实现呢？还是要大哭大闹才会有效呢？

如果不管怎么做，爸爸妈妈都不理我，那我干脆以后就不指望他们了。"当然，宝宝具体是怎么想的，我们不得而知，但亲子之间的互动模式的确是基于双方原本的行为特点，在不断地相互试探和适应中建立的。因此，从爸爸妈妈的角度来说，给予宝宝稳定（而不是高兴时理一理，不高兴时就不理）且积极、敏感的回应十分关键。

  在这本书中，涵盖了许多爸爸妈妈需要了解的有关婴儿发展的小知识，同时也介绍了宝宝如何观察、探索周围的环境。作者肖恩·加拉格尔是一位优秀的写作者，同时也是一位热爱以科学的视角探究儿童发展的父亲。他让这本书在科学严谨和有趣易懂之间找到了平衡点。在介绍发展心理学研究的同时，他以幽默的语言，传达着一位父亲负责任但又轻松、开放、充满探索精神的育儿心态——这种心态是我在翻译过程中最希望保留的，希望我的表现及格，能够将作者所体会到的为人父母的乐趣准确地传达给各位读者。

  最后，衷心感谢负责这本书的编辑孙蔚雯老师，以及我在北京师范大学读本科时的导师韩卓，让我有机会体验"痛并快乐着"的翻译工作。

张旭彤
2018年7月

前　言

当我还是个小孩子的时候，曾向圣诞老人许愿，想要一个无线电器材公司出品的五十合一的电气工具包。这个工具包内有一个电路板，还有许多电容器、电阻、LED 灯[1]和一个可以输出声音信号的蜂鸣器。在用工具包完成每个小实验项目时，你可以用电线将各个部分相连，然后打开开关观察效果。那个工具包真的是太好玩了，而且，那段经历也是我之后一直对科学和工程学十分感兴趣的原因之一。

而现在，我已为人父母，儿时的科学工具包对我来说太幼稚了；于是，我转而研究一个更加复杂的实验"装置"——宝宝。

在尝试各种稀奇古怪的实验的过程中，我的孩子们绝对是我有幸能够研究的最有趣、最令人着迷、最让人惊讶的实验对象

---

[1] LED 是英文 light emitting diode（发光二极管）的缩写。运用 LED 生产的灯即 LED 灯。——译者注

（当然，实验过程也最让人筋疲力尽）。我曾经花了无数小时，只为搞清楚用什么姿势抱着宝宝才能让他以最快的速度入睡——最后却像许多家长那样无奈地发现，适用于一个宝宝的办法可能并不适用于另一个宝宝。我也曾尝试了不下20种方法，试图让我家的小朋友吃一点豆子（然后发现，最有效的方法是跟他说"拜托，无论发生什么，都千万不要吃那些豆子"）。我还曾经通过感受宝宝碰触我的脸时的力度，来记录他精细动作的发展——从让人疼痛地一通乱抓，到笨拙地用手指戳，再到轻轻地碰，宝宝在不断进步。我能够感受到在生命的早期，宝宝独特的人格特质是如何逐渐浮现的。即使在宝宝几周大时，通过他看着你和观察周围世界的方式，你也能隐约察觉到他的内心世界在如何运转。和宝宝一起尝试一些小实验是一件特别有意思的事，而宝宝自己也在时刻尝试着他们的小"实验"——一般是通过"这是什么东西？不如放到嘴里感受一下"的方式进行的。

在你开始读这本书并根据书上的内容和宝宝一起做实验之前，请一定注意下面这几点：

★ 本书中的实验并不是用来评估宝宝的身体或精神健康、智力以及任何动作、认知和行为方面的发展的；同样，它们也无法告诉你宝宝是否在按正常的时间表发育，或是各项指标是否合格。介绍这些实验仅仅是希望以一种有趣、易读的方式展示一些婴幼儿发展的原理。所以，请千万不要将这些实验看作宝宝必须完成的"挑战",甚至拿宝宝和"别人家的孩子"(或是"爱因斯坦家的孩子")去比较。

★ 虽然书中标注了实验适用的年龄范围,但这些范围都是大概的估计,并不一定完全精确。所以,如果你的宝宝在某个年龄没有表现出实验中描述的行为,千万别紧张。我尽量将一些标志性的发展节点(例如,"当宝宝刚刚能独立行走时")囊括其中,而不是仅仅提供一个严格的年龄范围。

★ 在书中提到的原始科学研究中,许多都在报告结果时排除了一部分参与实验的宝宝,大多是由于宝宝在实验过程中很不配合,大哭大闹,或是因为其他原因没能完成必要的实验步骤。有时候,如果宝宝的行为和其他大部分孩子有着实质性的差别,他们的数据也可能不包含在最终的分析中。所以,如果你尝试了一个实验,但没法让宝宝顺利完成实验步骤,或是宝宝的行为和书中的描述非常不一样——不用担心,这是很常见的。

★ 在写作这本书时,我需要选取已经发表的、经过同行评审的学术研究,然后将它们改编为在家中容易实施的、不需要特殊装备或训练的小实验。这多少造成了一些限制,从而影响你观察到的现象与原始研究结果的一致性。例如,在绝大多数原始研究中,多个参与实验的宝宝会被随机分入不同的组,每组会在实验中经历不同的情境。这些组中会包含对照组与实验组,从而让科学家们能够比较不同情境下的结果。

而在本书介绍的小实验中，大部分时候你都需要间隔一段时间，在同一个宝宝身上尝试多个不同的情境。在专业的研究中，采用多组的设计当然更为严谨，但在家庭环境中，和自己的宝宝完成整个实验似乎更具可行性；而从邻居们家里招募许多个宝宝，进行严格控制的分组实验则不太现实。（当然，如果你家刚好有一对双胞胎，分别在他们身上尝试不同的实验情境会更接近原始实验设计——如果你有足够的空闲时间的话）。

通过尝试书中的50个小实验，我希望你能对儿童发展的各个研究领域有一些新的认识——但更重要的是，我希望你能对自己家最棒的"小科学家"有更多的新认识！

目　　录

1. 这个气味真好闻 ·························· 1
   年龄段：0—1 个月

2. 宝宝的"蓝图" ·························· 4
   年龄段：0—1 个月

3. 预备……警戒状态！ ···················· 8
   年龄段：0—3 个月

4. 快乐的脚丫 ····························· 11
   年龄段：0—3 个月

5. 有图案，才好看 ························ 14
   年龄段：0—3 个月

6. 脚丫先锋队 ····························· 17
   年龄段：0—6 个月

7. 一压即动——掌心小机关 ············· 21
   年龄段：0—6 个月

8. 扭扭屁股？小菜一碟！ ······ 24
  年龄段：0—9个月

9. 这只小猪叫作巴宾斯基 ······ 28
  年龄段：0—24个月

10. 难忘的微笑 ······ 31
  年龄段：2—4个月

11. 原来是这只手 ······ 35
  年龄段：2—4个月

12. 抓握预备练习 ······ 39
  年龄段：2—6个月

13. 舌头小测试 ······ 44
  年龄段：2—6个月

14. 这不可能！ ······ 48
  年龄段：3—6个月

15. 音调的模式 ······ 51
  年龄段：3—9个月

16. 看！有蜘蛛！ ······ 54
  年龄段：4—5个月

17. 巧辨年龄 ······ 57
  年龄段：4—7个月

18. 情绪写在脸上 ······ 61
  年龄段：4—12个月

19. 压力突袭 ·· 65
   年龄段：6个月左右

20. "自动"感知力 ··· 70
   年龄段：5—8个月

21. 身体被拉长了！ ·· 73
   年龄段：5—9个月

22. 与阿卡贝拉共鸣 ·· 77
   年龄段：5—11个月

23. 来自大自然的干扰 ··· 80
   年龄段：6—8个月

24. 蓄势待发的手势 ·· 84
   年龄段：6—9个月

25. 该用几只手？ ··· 87
   年龄段：6—9个月

26. 魔镜魔镜 ·· 91
   年龄段：6—9个月

27. 抓住咖啡杯 ··· 95
   年龄段：6—9个月

28. 积极的小手 ·· 101
   年龄段：6—10个月

29. 你想要的我也要 ··· 105
   年龄段：6—12个月

XI

30. 糟糕，爸爸／妈妈板起脸来了！ ·················· 109
　　年龄段：6—24 个月

31. 显而易见的"骤变" ································ 112
　　年龄段：6—24 个月

32. 金发效应 ·· 115
　　年龄段：7—9 个月

33. 谁来做我的观众？ ································ 119
　　年龄段：7—11 个月

34. 看着我的眼睛 ···································· 122
　　年龄段：9—10 个月

35. 外表还是内核？ ·································· 127
　　年龄段：10 个月

36. 演示与推理 ······································ 131
　　年龄段：9—15 个月

37. 别动我的玩具！ ·································· 136
　　年龄段：9—24 个月

38. 读取线索 ·· 141
　　年龄段：10—12 个月

39. 徒步旅行 ·· 145
　　年龄段：10—16 个月

40. 熟悉感和好吃的 ·································· 149
　　年龄段：12 个月

41. 拿回来再玩 ·· 153
   年龄段：11—13 个月

42. 你不知道吧？我知道！ ·································· 157
   年龄段：13—15 个月

43. 头能代替手吗？ ·· 162
   年龄段：13—15 个月

44. 你说的……是哪个？ ····································· 167
   年龄段：13—18 个月

45. 神奇的小睡时间 ·· 171
   年龄段：15 个月

46. 相同还是相似？ ·· 176
   年龄段：14—20 个月

47. 模棱两可的"一个" ·· 180
   年龄段：16—18 个月

48. 投桃报李 ·· 184
   年龄段：18—24 个月

49. 坏人应该受罚 ··· 187
   年龄段：19—23 个月

50. 你难道不知道吗？ ·· 190
   年龄段：24 个月

附录 A. 实验游戏复杂度目录 ················ 196

附录 B. 研究领域目录 ···················· 199

参考文献 ···························· 203

 # 这个气味真好闻

适用年龄：0—1个月
实验复杂度：简单
研究领域：感觉发展

 **趣味实验怎么做**

当宝宝哭闹时，妈妈的哺乳通常能起到安抚的作用，却不一定能"随叫随到"（比如，妈妈在午睡或洗澡，而爸爸在照顾宝宝）。遇到这样的情况时，如果家里有提前保存在奶瓶里的母乳，可以尝试滴几滴在干净的棉布上，然后把布放在离宝宝的鼻子几厘米远的地方。

 ## 实验假设是什么

通过日常的哺乳,宝宝已经自然而然地熟悉了母乳的气味。因此,这种气味会对宝宝产生安抚的作用。我们的假设是:和不熟悉的气味或没有任何气味相比,闻到母乳的气味会让宝宝较少出现哭闹、皱起脸或手脚乱挥的行为。

 ## 科学研究怎么说

在2005年的一项研究中,科学家把参与研究的新生儿分成四组:第一组的宝宝已经自然地熟悉了妈妈乳汁的气味;第二组的宝宝通过反复地嗅闻熟悉了一种香草的气味;另外两组宝宝则没有对任何气味产生熟悉性。

在出生第三天采集足跟血时,科学家们给前两组宝宝闻着他们熟悉的气味(第一组的宝宝闻着妈妈乳汁的气味,而第二组的宝宝则闻着香草的气味)。第三组的宝宝也闻到了这种香草的气味,但对于他们来说,这种气味十分陌生。第四组的宝宝没有闻任何特别的气味。科学家们发现,在采集足跟血后,和后两组宝宝相比,前两组闻到了熟悉气味的宝宝更少哭闹,也显得不那么痛苦。同时他们还发现,第一组闻到了母乳气味的宝宝和其他组相比更少出现手脚乱挥的行为。

值得注意的是，在类似的实验中，婴儿配方奶粉似乎无法起到和母乳同样的作用——至少对于那些喝母乳的宝宝来说。在2009年的另一项研究中，同样在采集足跟血的情境下，科学家给不同组的新生儿分别闻了自己妈妈母乳的气味、另一名哺乳期女性母乳的气味以及婴儿配方奶粉的气味。和没有闻到任何气味的宝宝相比，只有闻到自己妈妈母乳气味的宝宝表现出的痛苦较少。

 宝爸宝妈小课堂

用熟悉的气味来安抚宝宝是一条给宝爸宝妈的锦囊妙计。当然，这不是安抚宝宝的唯一方法——和宝宝肌肤相触、哺乳、轻柔的嘘声和摇晃以及柔和的音乐都可能有不错的效果哦。

宝宝的"蓝图"

适用年龄：0—1个月
实验复杂度：简单
研究领域：认知发展

 **趣味实验怎么做**

取两张明信片大小的硬纸板或海报纸，分别画上下图中的两个图形。

当宝宝醒着而且精神头很足的时候，把他抱起来，并请一位朋友帮忙将两块纸板举在宝宝面前半米左右的地方。这时，举纸板的

朋友可以观察宝宝盯着哪个图形的时间更长，以及看向哪个图形的频率更高。当宝宝不再注意看这两个图形时，实验就可以告一段落。过了一会儿，宝爸宝妈们可以将两个图形的位置对调，再重复上面的操作。

 **实验假设是什么**

宝宝看向左侧图形（倒三角）的时间会更长，频率也会更高。

 **科学研究怎么说**

许多人都知道，宝宝在出生后不久就会表现出对人类面孔的偏好。但是面孔究竟为什么能够吸引宝宝的目光呢？难道宝宝的脑海中具有某种与生俱来的"蓝图"，详细地描绘出了人类面孔结构的细节吗？又或是人的面孔碰巧具有某些能够吸引宝宝的结构性特征？

2002年的一项研究发现，人的面孔所具有的一个特征——五官重心靠上（双眉与双眼在上面，只有一个鼻子和一张嘴在下面）——似乎能够吸引宝宝的目光。即使这一特征出现在并非真实面孔的地方，效果也一样存在。而2008年的另一项研究探究了另一个特征——面孔整体形状与五官排列形状的一致性——是否也能引起宝宝的兴趣。在这项研究中，科学家们向刚出生1～3天的新生儿展示了上面提到的两个图形,并用录像机捕捉宝宝们的眼动。通过对录像的分析,科学家们发现,新生儿注视左侧图形的时间更长,频率也更高。和右侧图形相比,左侧图形的整体形状和内部方块的排列形状是一致的。根据这个研究,人类面孔对宝宝的吸引力似乎更可能是因为整体形状的特征,而非具体的关于人类面孔的脑内"蓝图"。

宝爸宝妈小课堂

我们的面孔的某些特征恰巧能吸引小不点儿们的目光——难道这只是命中注定或者说"面中注定"的巧合吗?对于宝爸宝妈来说,"宝宝因为某些物理特征才喜欢看爸爸妈妈的脸"这一观点或许难以让人信服。究竟是人的面孔本身还是更宽泛的形状特征吸引了宝宝,这个问题就交给发展心理学家们来进一步研究吧。宝爸宝妈们只需要了解:看到你的面孔就能够让宝宝感到开心。所以,请一定给宝宝足够的机会享受这样的亲子时刻。

科学家的工具箱

在探索什么能吸引宝宝的注意力时,一种高科技的奶嘴为科学家们提供了新思路。这种奶嘴中装有压力传感器,能够测量宝宝吮吸的频率与力度。这个传感器可以连接到计算机上,在探测到宝宝吮吸奶嘴时,就触发某种声音(比如说话声)。宝宝在几个月大的时候就能意识到吮吸奶嘴可以控制声音。他们会为了听到自己喜欢的声音而更卖力地吮吸。这种特殊的奶嘴曾被用于研究宝宝是否能分辨两种不同的声音。当科学家向宝宝反复播放某种声音,然后突然换成另一种新声音时,宝宝们会通过使劲吮吸奶嘴来表达他们对新声音的兴趣。这种"吮吸增强法"已经在许多实验中得到了应用,并且产生了许多重要的数据,尤其是在有关婴儿语言识别与获取的研究中。

当然,宝爸宝妈们也可以使用这种方法的"低配版"来观察宝宝。比如,你可以向宝宝呈现不同的刺激物(比如,书上的一幅画,或用键盘乐器演奏某种声音),并观察宝宝吮吸奶嘴频率的变化。此外,你还可以通过其他"行为－刺激物"的组合来帮助宝宝建立因果联系。例如,你可以把一条带子用别针别在宝宝的裤脚上,使宝宝每次踢腿时都能拉响铃铛或触发某个玩具的声音。一段时间后,宝宝就会逐渐意识到踢腿能够控制声音。如果宝宝喜欢这种声音,他就会更积极地做出踢腿的动作。

3 预备……警戒状态!

适用年龄：0—3个月

实验复杂度：简单

研究领域：原始反射

 **趣味实验怎么做**

当宝宝处于放松但清醒的状态时，让他面朝上平躺，然后轻轻地将宝宝的头转向一边。

 **实验假设是什么**

如果你将宝宝的头转向左侧，宝宝会伸长左臂，弯起右臂，并且握紧右拳。而如果你将宝宝的头转向右侧，宝宝会伸长右臂，弯起左臂，并握紧左拳。有时候，宝宝的双腿也会似乎无意

识地踢动。

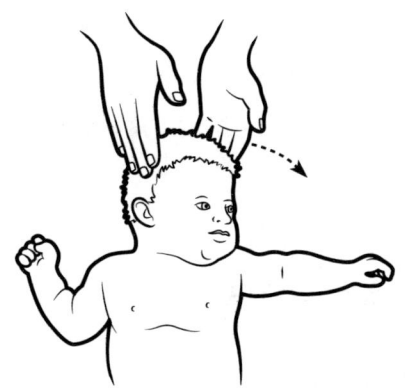

 科学研究怎么说

　　宝宝的这种行为叫作"不对称颈部强直性反射"。"不对称"意味着身体左右两边的反应有所不同;"强直性"则代表肌肉张力,也就是宝宝脖子部位肌肉的张力。这个名字是个临床医学专业名词,我们平时则常把这种反射称为"警戒反射",因为宝宝的动作仿佛是在做出防御的姿势。最早对这种反射进行深入研究的是德国生理学家鲁道夫·马格努斯(Rudolf Magnus)。在20世纪初,他的研究主要关注人类和其他哺乳类动物的姿势与肌肉张力。警戒反射通常在出生时或出生不久后出现,而几个月后则会自行消失。

　　宝宝的某些反射具有明显的目的——比如觅食反射,即当与哺乳相关的事物出现在宝宝的嘴边时，宝宝会将头转向它。但是警戒反射的作用似乎还是个谜团。有一些研究者认为，这种反射仅仅是神经系统发展过程中出现的奇怪的副产品，本身并没有什么实际意义。其他研究者则提出，这种反射性动作或许能够促进宝宝成长过程中协调性动作的发展。

 宝爸宝妈小课堂

在众多原始反射中，警戒反射是最具有"演出价值"的反射之一，其精彩程度可能会让你想在与朋友聚会时展示一下，并且告诉大家："看，这就是科学！"在你的宝宝从新生儿逐渐成长为幼童（甚至这之后）的过程中，他会表现出许多像这样的奇怪行为。这些行为中的一大部分只会短暂地出现，比如警戒反射通常在宝宝3个月大时就会消失。如果你的宝宝刚刚出生，你可以在接下来的几个月中多多尝试这个实验，观察这种反射行为是在逐渐增强，还是在逐渐减弱。你还可以观察宝宝手臂移动的速度会变快还是变慢。或许，我们很难完全理解宝宝的这些看似奇怪的行为，但请继续用欣赏的眼光展开观察。有些时候，宝宝最"奇怪"的行为恰恰最令人感到惊叹。

4 快乐的脚丫

适用年龄：0—3个月

实验复杂度：简单

研究领域：原始反射

 **趣味实验怎么做**

在宝宝精神头很足的时候，扶着他的腋下，让他在你的支撑下直立起来，并且让宝宝的双脚能触到一个稳固的平面（比如木地板）。随后，让宝宝的身体微微前倾。

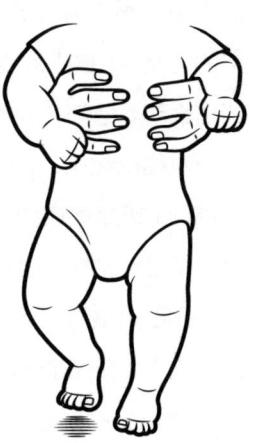

 **实验假设是什么**

在你支撑着宝宝的重量时,他的双脚会交替地前后摆动,仿佛在走路一样。

 **科学研究怎么说**

踏步反射,也叫走路/舞蹈反射,是在宝宝出生时就会出现的原始反射之一。在宝宝出生后的几个月内,我们都可以观察到踏步反射;随后,这种现象会渐渐消失。不过不要担心——在宝宝9—16个月大时,迈步会以自主动作的形式再度出现。

在很长的一段时间里,人们都认为踏步反射在出生几个月后消失是大脑逐渐发展成熟的表现,但1984年的一项研究显示,宝宝的力量-体重比的变化才是这种反射消失的真正原因。在宝宝刚出生时,他们的腿部脂肪较少,因此肌肉的力量足够在其直立时让双腿动起来。随着宝宝逐渐长大,他们的四肢会变得更加胖嘟嘟,而腿部重量的增加则会让踏步的动作变得困难。当踏步反射似乎已经消失后,如果我们将宝宝举在齐腰深的水中,这种踏步动作很可能会重新出现——水的浮力分担了宝宝的体重,让双腿动起来也就更容易一些。科学家们还发现,在出生的前几周体重增加较多的宝宝表现出的踏步反射较弱。这一发现也进一步支持了腿部力量-体重比影响踏步反射的假设。

总的来说,踏步反射的存在比我们之前想象的更持久。这一发现不仅对动作技能发展的研究有着重要意义,也推动了其他方面的动态系统科学的进展——这些系统中都存在众多事物以不同速率随时间变化的现象。实际上,科学家们在一定程度上正是受这个实验的启发,才提出了广泛的动态系统理论,以帮助我们理解从胚胎发育到社会发展的各种现象。

宝爸宝妈小课堂

原本看起来操控得很完美的实验却被一些微妙的"隐藏变量"搅了局——这是最让科学家们头疼的情况之一。在我们介绍的这个例子中,宝宝自身的生理发育就是这样一个隐藏变量。所以,当宝宝的踏步反射消失时,读过这本书的宝爸宝妈就可以很自信地告诉大家,"我们早就知道会这样啦",并且还能解释一番原因。在宝宝刚出生的几个月里,你可以多次重复这个实验,从而找出踏步反射究竟是什么时候消失的。这个时候,宝爸宝妈也该做好准备,因为宝宝不久后就会开始尝试自主地迈步,而宝爸宝妈也难免要经常弯下腰来为宝宝助力。

这个实验同时还告诉了我们一个道理:宝宝在成长过程中可能偶尔会在某个领域碰到些挫折——不用担心,有时候表面上的退步并不是真正的退步,而是其他方面不断成长的"副作用"。

5 有图案,才好看

适用年龄:0—3 个月
实验复杂度:中等
研究领域:认知发展

 **趣味实验怎么做**

给宝宝看一些画有高对比度花纹的图像,比如黑白相间的同心圆、棋盘状格子或是一幅描绘人类面孔的简笔画。然后再给他看一些纯色的图像,比如纯红、纯黄或白色的纸。记下宝宝持续注视这两种图像的时间分别是多久。

 **实验假设是什么**

无论是多小的宝宝——即使出生还不足24小时——也会更持久地注视有花纹的图像，而非纯色的图像。此外，他们注视人类面孔简笔画的时间会最长。

 **科学研究怎么说**

1963年，关注婴儿视觉偏好的发展心理学家罗伯特·范兹（Robert Fantz）主持了一项实验。在这项实验中，科学家们给刚出生10小时到5天的宝宝展示了带有图案或纯色的图像。同时，他们记录了宝宝注视每种图像的时间，以此反映宝宝对这种图像是否感兴趣。实验结果显示，宝宝盯着人类面孔图案的时间最长，其次是高对比度的图案，而盯着纯色图像的时间最短。实际上，当我们关注年龄最小的宝宝们时——有3个宝宝在出生后24小时之内就接受了测试——发现他们全都表现出了对图案的偏好。其中，刚出生10小时的那个宝宝在8次尝试中有3次都最长时间地盯着人类面孔的图像，而其他任何一种图像都没有得到宝宝如此多的关注。

范兹的实验强有力地证明：感知形状——尤其是类似人类面孔的形状——的能力似乎是与生俱来的。在宝宝很小的时候，他们的视线就会对不同复杂度的图像做出不同的反应。在那个时代，大家还普遍认为感知、辨别形状的能力在出生几周或几个月后才会出现，而范兹的实验结果挑战了这一观点。

 宝爸宝妈小课堂

恭喜你！你已经给宝宝进行了一场婴儿版的罗夏墨迹测验（Rorschach Test）。相信宝爸宝妈们不会对这个实验的结果感到很惊讶。在宝宝很小的时候，你的面孔就对他有独特的吸引力。所以，请一定多和宝宝进行面对面的互动。此外，由于复杂的、高对比度的图案比简单的、低对比度的图案更能吸引宝宝持续的注意，宝爸宝妈们在决定婴儿房的装潢或给宝宝选购玩具和图书时，可以更多地选择前者。

6 脚丫先锋队

适用年龄：0—6 个月

实验复杂度：中等

研究领域：动作技能发展

 **趣味实验怎么做**

拿一个能叮咚作响的玩具给宝宝看一看，再在他面前摇一摇。将玩具介绍给宝宝后，首先将玩具放到宝宝手中，让他很容易就抓到，然后再用玩具碰一碰他的脚。接下来，把玩具伸到离宝宝双手比较近的地方，确保在他伸手可及的范围内。最

后,把玩具伸到宝宝身体旁边,确保其处于宝宝的双脚能碰到的范围内。

 **实验假设是什么**

宝宝在月龄较小时就能够探出双脚触碰玩具,而大约1个月之后,才开始能伸手抓住玩具。

 **科学研究怎么说**

很长时间以来,人们都以为宝宝对肢体动作的掌控是从头至尾的。也就是说,宝宝会首先学会如何控制头部的动作,随后是手臂;最后,在1岁左右,他们才能掌握如何控制腿部和双脚的动作,从而开始坐、爬和走。但是,我们刚刚描述的这类实验表明,宝宝能够控制腿部动作的时间其实比我们之前以为的早。

在2004年的一项研究中,科学家们将宝宝放在座椅上,并确保他们的双手双脚都能自由活动。在实验过程中,科学家们有时会把叮咚作响的玩具举在与宝宝肩部齐平的正中间位置,并确保不超出双手能触及的范围;也就是说,宝宝只要一抬手臂就能够到玩具。而另一些时候,玩具则被举在与臀部齐平的正中间位置,并且在双脚能触及的范围内。根据实验所得的数据,宝宝们平均在11.7周时就能伸出双脚触碰玩具,再过几乎1个月(即在

15.7周左右时）才能够伸出手去够和抓握玩具。科学家们还注意到，即使宝宝有能力伸手触碰，他们也会花几乎同样多的时间用脚去碰玩具，哪怕双脚无法像双手那样将玩具牢牢抓住。

上述实验证明，宝宝伸脚触碰玩具的时间比伸手早。科学家们猜想，这种现象可能是肩部与臀部关节的解剖学结构差异造成的。与肩部相比，臀部能够活动的范围与形式有限，这或许意味着宝宝不需要具有很高的控制能力，就可以实现腿部的自主活动。而手臂则具有较大的活动范围，也就是说，控制手臂进行自主运动的难度可能更大，而且宝宝熟练掌握某种活动模式的可能性也较低。对于成年人来说，练习某个动作模式的次数越多（例如，一种舞步），就会掌握得越熟练；这对于宝宝来说也是一样的——由于双腿能够实现的动作模式较少，宝宝对每一种模式的练习次数就更多，从而让双腿在发展自主运动方面比双手有了更大的优势。

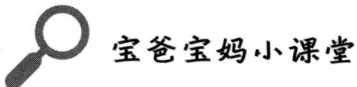
宝爸宝妈小课堂

许多人可能会对这项实验的结果感到惊讶。不过，每个经历过妊娠晚期的妈妈都知道，宝宝小脚丫的力量实在不容小觑——还在子宫中时，宝宝们就已经花了不少时间来练习跆拳道踢腿了！由于大一点的孩子和成年人通常会用双手去够东西，所以我们可能很自然地认为宝宝也会这么做。但是请记住：肢体动作的发展顺序自有一套逻辑，并非时时都在宝爸宝妈的意料之中。但幸运的是，宝宝会试图根据情境需要即兴创造肢体动作，正如他们在其他许多方面的表现一样。

一压即动——掌心小机关

适用年龄：0—6个月

实验复杂度：简单

研究领域：原始反射

 **趣味实验怎么做**

当宝宝醒着并且精神十足的时候，让他仰面躺下，并稍微用力按压住他的双手掌心，持续1秒左右。随后，用同样的方式按压他的双脚掌心，持续1秒左右。

 **实验假设是什么**

当你按压宝宝的手掌心时,在绝大多数情况下,他会立马将嘴巴张开。同时,宝宝还有可能转动脖子,有时还会将双腿蜷起靠近身体。

当你按压宝宝的脚掌心时,宝宝很有可能将手臂向外伸展。

 **科学研究怎么说**

手掌心一受到按压就张开嘴巴的反应被称为"巴布金反射",以在20世纪中期研究这一反射的俄罗斯科学家 P. S. 巴布金(P. S. Babkin)命名。在2004年的一项研究中,两名儿科神经学医生尝试扩展巴布金的发现,进一步研究当手掌心或身体的其他部分(例如,手臂、双脚和大腿)受到按压时,宝宝还会有哪些反应。

在观察了106名出生24～72小时的新生儿后,两名科学家发现,所有宝宝在手掌心受到按压时都做出了张开嘴巴的反应;几乎90%的宝宝开始转动他们的脖子;大约70%的宝宝蜷起了双腿。当脚掌心受到按压时,80%左右的宝宝开始向外伸展双臂。科学家们还观察到,当宝宝身体的其他部分(例如,大臂和小臂)受到按压时,他们也做出了包括上述动作在内的各种反应;只不过在许多情况下,只有一小部分宝宝在某个部位受到按压时做出了某种特定的反射。

巴布金反射被认为是一种相当稳定的反射,因为即使是极度早产的宝宝也会在出生不久后出现这种反应。通过2004年的研究,科学家们进一步指出:除了手掌心之外,宝宝在其他多个部位受到挤压时也会出现各式各样的反应。在评估新生儿的神经发育状况时,这一研究结论对于医务人员十分有帮助——因为在标准的巴布金程序[1]之外,他们又多了其他几种方法来检查宝宝的反射行为。

 宝爸宝妈小课堂

对于宝爸宝妈来说,巴布金反射可以在实际生活中派上用场。当宝宝不愿意吃奶时,宝爸宝妈可以按压他的双手掌心,从而让宝宝张开嘴叼住乳头或奶嘴。你可能会觉得这样做简直就是把宝宝当成提线木偶嘛!但如果宝宝实在不肯进食,宝爸宝妈难免需要想各种办法,那么利用巴布金反射也不失为选择之一。

---

[1] 即按压手掌心,观察嘴巴张开的反应。——译者注

8 扭扭屁股？小菜一碟！

适用年龄：0—9 个月
实验复杂度：简单
研究领域：原始反射

 **趣味实验怎么做**

让宝宝趴在某个平坦的地方，然后在他后背的左侧或右侧轻抚（靠近脊柱的部位，但不要直接抚摩脊柱）。

 **实验假设是什么**

如果抚摸后背左侧，宝宝的左侧臀部会向上翻转；而如果抚摸右侧，宝宝的右侧臀部会向上翻转。

 **科学研究怎么说**

上面所说的这种反应被称为"脊椎加兰特反射"，得名于20世纪初最早注意到这种现象的约翰·萨斯曼·加兰特（Johann Susmann Galant）。加兰特反射是原始反射的一种，在宝宝出生时就能观察到，一般在宝宝9个月大左右会逐渐消失。但这种反射在一小部分人身上会持续更长时间，甚至到他们成年后依然存在。在学龄儿童中，加兰特反射的持续存在与尿床、多动等发育问题存在相关。不过，运动疗法有助于缓解其中的一些问题。比如，在2000年的一项研究中，科学家为一部分依然存在婴儿期反射的学龄儿童提供了运动训练，以帮助他们自主地控制反射行为。在为期1年的训练后，比起对照组和安慰剂组的儿童[1]，训练组儿童的反射性反应显著减少，而阅读、写作等学习技能有

---

[1] 对照组儿童没有参与任何训练；安慰剂组儿童参与了相似形式的训练，但不涉及自主控制行为的内容。——译者注

了明显的提升。

乍看之下,加兰特反射似乎没有什么实际用途。但实际上,这种反射在妈妈的分娩过程中有着重要作用——研究者认为,随着背部受到刺激而出现的臀部动作能够帮助宝宝在产道内移动。

 宝爸宝妈小课堂

宝宝出生后,加兰特反射对于宝爸宝妈来说或许只能起到"博君一笑"的作用。因为宝爸宝妈们可能会觉得,宝宝本来就在扭来扭去、动个不停,为什么还要特意让他扭得更多呢?

安全小贴士

在这本书中,我们向大家介绍了许多关于婴儿原始反射的小实验。但有一种被称为"摩罗反射",也叫作下坠反射的现象,请宝爸宝妈们不要轻易在宝宝身上尝试。

100多年以前,儿科医生恩斯特·摩罗(Ernst Moro)首次描述了这种反射——当宝宝感觉自己在下坠时,他会将双手伸出去,直到下坠感消失,才会重新将手收回。一些人类发展研究者认为,摩罗反射具有一定的进化意义:如果抱着宝宝的人没有抓紧,把宝宝掉了,那么宝宝伸出的双臂能让自己更容易被重新抓住,从而增加生存的可能性。

摩罗反射在宝宝出生时就存在，但会在3—4个月左右逐渐消失。

一般来说，能够导致摩罗反射的下坠感会让宝宝觉得非常难受，并开始大哭。因此，请宝爸宝妈们不要在宝宝身上尝试这种操作。在新生儿评估中，医生可能会对宝宝进行摩罗反射的测试。所以除非你也是需要实施临床评估的医生，否则实在没有必要让宝宝体验这种痛苦。

9 这只小猪叫作巴宾斯基[1]

适用年龄:0—24 个月
实验复杂度:简单
研究领域:原始反射

 **趣味实验怎么做**

在宝宝脚底轻抚,从脚后跟一直到脚趾处。

---

[1]《数小猪》(*The Little Piggy*)是一首英文童谣。宝爸宝妈通常会一边唱,一边依次点着宝宝的脚趾与其互动。因此,作者改编了其中的歌词,作为本章标题。——译者注

 **实验假设是什么**

宝宝的大脚趾会向上弯起又收回,而其他脚趾则会像扇面一样张开。

 **科学研究怎么说**

1896年,法国的神经科学家约瑟夫·巴宾斯基(Joseph Babinski)注意到了这样一个现象:当一个健康成年人的脚底被触碰时,其大脚趾会向内蜷起;但对婴儿或是受神经疾病、脊髓受损等状况困扰的成年人来说,当脚心被轻抚时,大脚趾会向上弯起。

婴儿之所以会出现这样的巴宾斯基反射(也叫作足底反射),是因为他们的神经系统尚未发育成熟。通常在2岁左右,巴宾斯基反射会逐渐消失,正常成年人所具有的脚趾向内蜷起的反射会取而代之。如果巴宾斯基反射迟迟不消失,或是在其他年龄阶段重新出现,可能意味着神经系统出现了问题。

 宝爸宝妈小课堂

巴宾斯基反射在博人一笑的同时,还具有一定的实际意义。通过观察这一反射,医生可以在不造成任何风险的情况下,对婴儿神经系统的健康进行简单评估。对于宝爸宝妈来说，巴宾斯基反射的存在是一个小提示——宝宝有许多能够轻易观察到的成长变化，例如，身体发育、动作协调性增强、开始学说话，等等；而在这些明显的变化之外，还有许多像巴宾斯基反射消失这样的变化会随着宝宝的成长而悄然发生。

10 难忘的微笑

适用年龄：2—4 个月

实验复杂度：中等

研究领域：情绪发展

 **趣味实验怎么做**

准备一张照片，上面是一个对宝宝来说很陌生的成年人在对着镜头微笑，然后把照片拿给宝宝看。确保宝宝有20秒左右的时间来注视这张照片，然后再拿出另外两张照片：首先，向宝宝展示的第一张照片中依旧是他刚刚熟悉的那个成年人，但在这张照片中，此人面无表情（没有任何笑意）。之后，再向宝宝展示一张另外一个陌生成年人的照片，此人同样面无表情。记下宝宝凝视哪张照片的时间更长。

几天之后，再找另外两名陌生成年人的照片，重复上述实验。但在第二次的实验中,用来熟悉的照片与用来记录注视时间的照片中的熟悉和陌生的成年人的脸均面无表情。

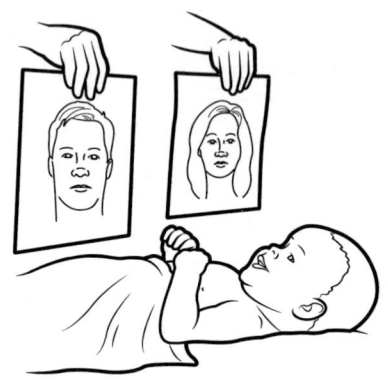

 **实验还可以这样做**

如果家里有两个年龄相近的宝宝,宝爸宝妈们也可以和一个宝宝尝试第一次实验(包含一张笑脸),再和另一个宝宝尝试第二次实验(全部面无表情)。这样一来,我们的小实验就会更接近原始的科学实验设计,也减少了由于宝宝记得实验程序而使结果存在偏差的可能。

 **实验假设是什么**

在第一次实验中,宝宝会花更长时间注视不熟悉的面孔。但在第二次实验中,他注视熟悉面孔的时间可能会稍微长一些。

 **科学研究怎么说**

2011年的一项研究发现,3个月大的宝宝在熟悉了一个微笑的面孔后,在后续对比中会更长时间地注视另一个陌生的面孔,而非他们刚刚熟悉了的面孔。无论熟悉面孔与不熟悉面孔出现的顺序如何,这个效应都存在。然而,当宝宝在熟悉阶段接触的是一个面无表情的面孔时,在后续对比中,如果这个熟悉的面孔先于陌生面孔出现,宝宝注视熟悉面孔的时间会稍微长一些。

科学家们猜测,微笑的面孔可能更容易给宝宝留下印象,让他们在下次见到时能够认出来。由于宝宝通常会更关注新奇的事物,所以他们可能对已经熟悉的面孔不太感兴趣,因而花更多时间注视陌生的面孔。而对于面无表情的面孔,宝宝可能需要更多接触才能记住并再认。因此,在接触时间相等的情况下,与微笑的面孔相比,面无表情的面孔给宝宝留下的印象可能并不深刻。学界曾有这样一种观点,认为面孔识别与情绪性表情的识别是相互独立的两种过程,而本实验的结果质疑了这一观点,并表明特定的表情（例如，微笑）可以促进面孔识别。当科学家们在成年人中进行类似实验时，也发现了相似的结果。

 宝爸宝妈小课堂

看着宝宝可爱的小脸蛋，你大概已经不由自主地微笑起来了。而本章介绍的小实验则给"为什么要多对宝宝微笑"提供了一个科学的解释：这样做能够让宝宝更快地记住你。这个有关儿童发展的小知识还有另外一个实际用途：宝爸宝妈们可以制作一个小相册，里面包含你希望宝宝认识的亲友的照片。在制作时，尽量选择亲友面带微笑的照片：愉快的表情可以帮助宝宝更快地记住他们的面孔哦。

11 原来是这只手

适用年龄：2—4 个月
实验复杂度：中等
研究领域：动作技能发展

 **趣味实验怎么做**

让宝宝平躺在婴儿床上，在他的双手手腕处各系一条丝带。将一只手腕上的丝带的另一端的系在婴儿床上方的玩具（或者其他能移动的物体）上，让宝宝的这只手的动作能牵动玩具。将另一只手腕上的丝带的另一端系在婴儿床的某个固定的位置上，确保宝宝在拽这根丝带时不会造成任何物体移动或发出声响。

 **实验假设是什么**

宝宝很快就会意识到，自己特定的动作可以带动玩具。但根据宝宝年龄的大小，他对动作感知的具体程度可能不同。2个月大时，宝宝的四肢可能会同时摇动，试图让玩具动起来[1]。3个月大时，他可能会更多地摇动双手而非双脚。而4个月大时，宝宝可能会更专注地摇动能够牵动玩具的那只手，而非另一只手或双脚。

---

[1] 宝宝喜欢动来动去并会发出声音的物体。——译者注

 **科学研究怎么说**

早在20世纪30年代,科学家们就开始设计并记录一系列研究来理解宝宝是如何意识到自己的自发行为[1]与相应结果之间的联系的。在2006年,科学家们开始关注这种能力是如何随宝宝的成长而发展的。在这项研究中,他们首先在2~4个月大的宝宝的双腕上系上丝带,但丝带的另一端没有系在任何物体上。然后让宝宝在婴儿床中待一小会儿。这样,研究者记下了每个宝宝四肢动作的基础频率。随后,他们将其中一只手上的丝带的另一端系在可以转动的玩具上,并给宝宝6分钟左右的时间来熟悉手臂的晃动能够带动玩具。接下来,研究者将丝带解开[2],并在接下来的2分钟内记录宝宝四肢的活动情况。实验结果与科学家们的设想一致:在进行记录的2分钟内,宝宝摇动四肢的频率高于自己的基础频率——他们已经意识到了自己的手臂动作与玩具的晃动是存在联系的,因此在努力让玩具动起来(虽然这种努力没有什么效果)。随着年龄的增长,宝宝的动作会变得越来越具体:2个月大的宝宝双手和双脚的摇动频率大致相同;3个月大的宝宝摇动双手多过双脚;而4个月大的宝宝会主要摇动之前系有丝

---

[1] 最初的行为是偶然做出的,并非有意的行为。——译者注
[2] 宝宝摇动手臂不再能带动玩具。——译者注

带的那只手。

随后,科学家们还进行了进一步的实验,探究宝宝在一段干扰期后是否记得这种联系。果然,他们发现,即使在5分钟的玩耍休息之后,宝宝摇动四肢的频率依然高于基础频率。

这些实验结果推动了关于儿童动作技能发展的研究,让科学家们能够更好地理解当婴儿具有较大的动作自主性时(即宝宝的四肢能够向各个方向移动),他们是如何学会控制这些动作,从而实现特定目标的。

 宝爸宝妈小课堂

婴儿期的宝宝正处于学习因果关系的初级阶段。随着宝宝的不断成长,他们对因果的理解会日渐成熟。首先,他们会意识到击打的动作能够让物体移动并发出声音。随后,在某个时间点,宝宝会意识到重力的存在,并且迅速开始在自己的"小实验"里找乐子——你递给宝宝的东西会立马被他丢到地上。学会更复杂的因果联系(例如,当结果有一定延迟时)可能需要更多时间。宝宝会在重复的呈现中学习这些因果联系。所以,当宝宝第N次把奶瓶打到地上时,宝爸宝妈们可不要失去耐心哦!

12 抓握预备练习

适用年龄：2—6个月
实验复杂度：中等
研究领域：动作技能发展

 **趣味实验怎么做**

在宝宝2个月大时，宝爸宝妈们就可以开始尝试并多次重复这个小实验，一直到宝宝能够自如地伸手抓握玩具为止。在进行实验时，选在宝宝精神头很足并且没有在哭喊或发脾气的时候，将宝宝放在一个靠椅上，确保他的双手能够活动自如。你可以坐在宝宝对面，和他讲讲话，吸引他的注意力，然后给他看一个小玩具。这个玩具不一定是宝宝没见过的，但最好是能够引起宝宝兴趣的。将玩具举在宝宝面前一臂远的位置，并在接下来的30秒内观察宝宝手臂和双手的动作，重点关注这些动作的速度、频

率、范围以及流畅程度。

 **实验假设是什么**

在能够自如抓握玩具之前的几周里，宝宝会经历下面几个阶段。在"初级"阶段（能够自如抓握前的 8 ~ 10 周），宝宝伸手的速度会越来越慢，且伸出的距离也会越来越小。而到了"中级"阶段（能够自如抓握前的 4 ~ 6 周），宝宝伸手的动作会越来越常出现，并且逐渐向迅速且流畅的方向发展；和初级阶段相比，此时的宝宝能够将手伸到离玩具较近的地方了。在最后的"高级"阶段中（能够自如抓握前的 2 周内），虽然宝宝伸手的速度、频率及流畅性与中级阶段相差无几，但宝爸宝妈们可能会留意到，宝宝能够越来越精准地将手伸向玩具的方向，并且会更多地做出向上伸手而非向下伸手的动作。

 **科学研究怎么说**

在2006年的一项研究中,从宝宝8周大起,一直到他们能够自如地抓握玩具为止(平均20周左右),科学家们每周都对宝宝伸手的动作进行观察。在每周的观察中,科学家们会给其中一组宝宝看玩具;对另一组宝宝,则在没有玩具的情况下观察他们的动作。通过这样的实验设计,科学家们可以观察宝宝的动作是否会随玩具的存在与否而变化。这项研究采用了三维动作捕捉技术来记录宝宝的动作,最终的研究发现则基于对这些记录的分析。

分析表明,与玩具存在与否相关的动作差异只存在于特定阶段,而在实验观察到的三个阶段中,宝宝伸出的双手和玩具之间的距离都在持续缩短。

这项研究的结果显示,当宝宝看到一个想要的物体时(例如,玩具),哪怕他们的能力还没有发展到可以自如地进行抓握,他们也会试图控制手臂活动来抓住它。通过了解手臂运动的哪些方面是连续发展的,哪些只是出现于特定阶段,科学家们可以进一步猜想是哪些因素导致了这些动作的出现。

研究者们表示,这项研究成果描述了正常的动作技能的发展,即没有发育迟缓问题的宝宝们会展现出的典型行为。而这一成果也可以被用于鉴定不正常的动作技能发展模式,尤其是对于有发育迟缓风险的宝宝（例如，早产儿）。例如，研究者表明，由于肌肉张力发育迟缓等因素，早产儿在"中级"阶段停留的时间可能会更长。

 宝爸宝妈小课堂

在宝宝能真正伸手抓住玩具的几个月前，他们就已经将目光锁定在这些有趣的物品上了，而宝宝的身体也在以各种各样的方式对玩具的存在做出回应。宝爸宝妈们如果将宝宝成功抓握之前的每个进展都记录下来，或许就能观察到不同的因素（例如，对肌肉的控制、手眼协调能力）是如何影响宝宝的"表现"的。看完这个小实验，即使面对2个月大的宝宝，你也应该知道他已经想要你用来逗他的那个玩具了（哪怕宝宝根本没法伸手抓住它）。那么，在小实验结束时，可别忘了做一回好人，把玩具递到宝宝手里哦！

安全小贴士

在1939年，一位名叫玛丽·都铎（Mary Tudor）的爱荷华大学语言病理学研究生在一些孤儿身上进行了一项实验，试图搞清楚哪些因素会影响口吃的症状。在被玛丽招募进实验的孤儿中，大约一半的孩子有口吃的症状，另一半则没有。她将所有孤儿分为两组，每组中都包含一些口吃的孩子。在持续几个月的实验期间，玛丽定期与第一组的孩子们见面，无论他们是否口吃，都对他们所讲的话进行表扬，并且告诉他们一切都很好。与此同时，她也会和第二组孩子们见面，而无论他们是否口吃，玛丽都会说他们讲话的方式不太正常，需要立刻进行纠正。

在实验结束时，惊人的结果出现了：第二组的孩子们（即被告知讲话方式不正常的孩子）变得孤僻且沉默寡言，在学校的课业也受到了影响。玛丽关于此项实验的论文从未发表在任何科研杂志上，但这一实验由于2001年的一篇新闻报道受到了关注。在这篇刊登于《圣何塞水星报》（*San Jose Mercury News*）的报道中，记者采访了一些当年参与了这项实验的被试。这篇报道引发了一项诉讼。在这项诉讼中，多个仍在世的孤儿出庭作证，表示当年的"残忍实验"给他们造成了持续终生的伤害。最终，爱荷华州同意向这些参与者支付高额经济赔偿（总额达100万美元）以达成和解。

当然，在今天，所有涉及未成年人的实验都会经过严格的审查。高校及科研机构做出了很多努力，以确保孩子们在参与研究后，身心丝毫不受影响地走出（或者对还未学步的婴儿来说——爬出）实验室。

13 舌头小测试

适用年龄：2—6 个月
实验复杂度：简单
研究领域：社会性发展、动作技能发展

 **趣味实验怎么做**

当宝宝清醒并且精神头很足时，将他放在婴儿座椅中，然后找一个利于宝宝集中注意力的房间[1]进行实验。站在宝宝面前，让你的脸距离宝宝大约45厘米。面无表情地注视宝宝60秒，即使宝宝在这期间试图和你交流，也暂时不要回应。记下这60秒内宝宝伸出舌头的次数，同时也记下他伸手够向你的次数。然后，用一个玩具娃娃代替你的脸，重复上面的程序，并再次记下

---

[1] 例如，尽量不要选放有许多玩具的房间。——译者注

宝宝伸出舌头和伸手够向娃娃的次数。

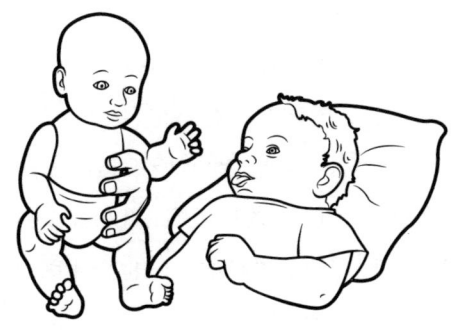

 **实验假设是什么**

在宝宝2个月大时，他伸出舌头的次数应当是最多的，而在6个月大时，伸出舌头的次数则最少。伸手的规律恰恰相反：在2—6个月，宝宝伸手去够的次数会逐渐增多。

 **科学研究怎么说**

在2006年的一项研究中，科学家们观察了2个月、4个月以及6个月大的宝宝，希望了解口部动作随时间的变化。他们发现，当面对一个面无表情的人时，2个月大的宝宝在60秒内平均会做4.6次伸出舌头的动作——这一频率几乎是4个月和6个月大的宝宝做出同样动作频率的2倍与10倍。伸手动作的出现规律

恰恰相反，2个月大的宝宝们没有一个伸手去够对面的人，4个月大的宝宝身上开始出现这种动作，而6个月大的宝宝伸手的频率则是4个月大的宝宝的数倍。

这项研究还发现，宝宝在面对具有人脸特征的物体（例如玩具娃娃）时，动作也与面对真人时有所不同：三个年龄组的宝宝在面对真人时伸出舌头的次数都更多；此外，2个月和4个月大的宝宝在面对真人时，伸手去够的次数也会比面对玩具时更多，但6个月大的宝宝并未显现出这种差异。

这项研究显示，在2个月大时，宝宝的舌头可能承担着某种特殊的功能，他们的双手会在接下来的几个月里逐渐发展类似的功能。具体来说，在刚出生的几个月里，宝宝的舌头可能充当了探索感兴趣的物体（例如，玩具娃娃）并对不熟悉的社会情境（例如，当一个人注视着宝宝，却不进行任何交流或回应的时候）做出反应的工具。在大约4个月大时，宝宝的双手会开始接管这一任务；而到了6个月大时，宝宝就会在绝大多数情况下依赖双手做出反应。

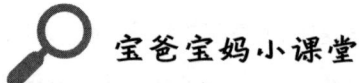
宝爸宝妈小课堂

作为成年人，我们可从不觉得舌头能够高效地（以及卫生地）探索世界，但是当我们还是婴儿而无法自如地控制四肢活动时，伸伸舌头就是我们唯一能做的了——所以为什么不呢？对于小宝宝来说,舌头是感知世界的重要工具。因此,当他们把口水弄得到处都是的时候,请尽量不要强加阻止(除非情况已经非常糟糕了)。给宝宝一个柔软、易清洗的书,或是一个塑料牙胶玩具[1],然后让他尽情地咬吧。宝宝可不只是在把口水糊满玩具,他是在"学习"呢!

---

[1] 针对出牙期宝宝设计的、可以让宝宝吮咬以促进牙龈健康的玩具。——译者注

这不可能！

适用年龄：3—6 个月
实验复杂度：中等
研究领域：认知发展

 **趣味实验怎么做**

准备一张印有两个图形的图片，其中一个图形显示出一个结构合理的立体物体（如左侧图），另一个则显示出一个在结构上完全不可能实现的立体物体（如右侧图），然后将这张图片拿给宝宝看。

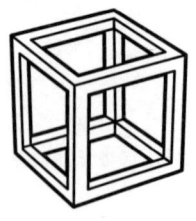 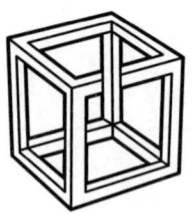

 **实验假设是什么**

宝宝会花更长时间盯着"不可能物体"看,并且更有可能用手去够、揉搓、拍打这个图形以进行探索。

 **科学研究怎么说**

在2007年的一项研究中,科学家将一系列印在平面上的立体图形拿给4个月大的宝宝们看,并且通过记录宝宝的注视时间,测量他们是否对各个图片感兴趣。在宝宝看到的图片中,有一张印着一个看起来十分真实,且结构合理的木制立方体;而在另一张经过编辑软件处理的图片中,呈现了一个虽然看起来同样真实,但结构完全不合理的木制立方体。从平均结果来看,宝宝们盯着"不可能物体"看的时间比看结构合理物体的时间的2倍还长。即使将实验中的图片换成用线条描绘的方块轮廓,看起来并无真实感,并且没有任何颜色、阴影或纹理,宝宝们盯着"不可能物体"看的时间依旧更长。这说明,即使只让宝宝看到表面的轮廓,而不提供更多细节,宝宝也能够在脑海中构建出物体的立体结构。

在2010年的一项类似研究中,科学家们还发现,9个月大的宝宝会花更多的时间用手触碰印着"不可能物体"的图片,而非结构合理物体的图片。

这些研究结果显示，年纪很小的宝宝就已经能够进行复杂的空间分析了。具体来说，他们能够观察印在平面上的立体图形，理解其中描绘的立体结构。最让人惊讶的是，他们能够分辨这个结构是否可能在现实中存在。这可不是个简单的活计！想要从平面的图片中提取其所表示的立体结构，宝宝需要有能力对线条透视、纹理、阴影、接合点等视觉线索进行分析，从而对距离与深度做出推断。

 宝爸宝妈小课堂

在宝宝4个月大时，宝爸宝妈可能会以为他在空间感知方面还是懵然无知的——毕竟宝宝才刚刚开始伸手够物体，离他在上厕所时能够对准马桶更是遥遥无期。但这个小实验告诉我们，宝宝可爱的小脑瓜里可是进行着极其复杂的计算的。所以，宝爸宝妈们可别低估了他们哦！同时，宝爸宝妈也可以多给宝宝看一些具有各种距离或深度视觉线索的艺术作品，来帮助他们进一步发展空间感知能力。当然，给宝宝看艺术作品时，还可以在里面混入一些埃舍尔（M. C. Escher）的佳作——这位艺术家很擅长描绘在现实中不可能存在的结构。

15 音调的模式

适用年龄：3—9 个月

实验复杂度：中等

研究领域：乐感发展

 **趣味实验怎么做**

在这个小实验中，你需要根据音调变化将宝宝发出的声音分成两类：升调类与降调类。找一个笔记本，在上面划出两块区域，其中一块用来记录"尾音升调"，另一块则记录"尾音降调"。"尾音升调"类包括音调不断变高的声音、音调先降低后又升高的声音，以及音调变过几次但尾音音调升高的声音。相应的，"尾音降调"类包括音调不断降低的声音、音调先升高后又降低的声音，以及音调变过几次但尾音音调降低的声音。

找一段宝宝自由玩耍的时间（最少15分钟，但不用达到1小时那么长),记录下他在表达愉悦时发出的咿咿呀呀的声音(在记录时,排除尖叫与吵闹的声音),并根据尾音音调的升高或降低,对每次发声进行归类。

 **实验假设是什么**

宝宝发出的声音绝大多数属于"尾音降调"类。实际上,除非你在日常互动中也经常用尾音升调的方式来说话,宝宝才会发出同样的尾音升调的声音。

 **科学研究怎么说**

在1990年的一项研究中,科学家们来到一些3个月大的宝宝们的家中,记录他们在1小时的自由玩耍中发出的声音。此后,他们每个月都重复一次这个实验,直到这些宝宝9个月大了。对这些记录的分析显示,80%以上的声音都是"尾音降调"的。而且,"先升后降"的模式是出现频率最高的,占所有声音的30%。随后,科学家们进一步研究了少数经常发出"尾音升调"声音的宝宝,发现这些宝宝的爸爸妈妈或照料人也经常发出类似升调模式的声音。据此,他们认为宝宝是在模仿周围的人发出的声音。这项研究结果与更早期的研究一致——那些研究发现,学龄前儿童也会更多地发出"尾音降调"模式的声音。

这项研究是最早对该年龄段儿童发声的音乐性特征进行的探索之一。在此之前的乐感发展研究要么关注幼儿或年龄更大的儿童，要么关注婴儿对外界所播放的音乐有何反应。但在我们刚刚介绍的这个研究中，科学家们还发现，不同性别的宝宝发声的音调没有显著差异，并且在3—9个月期间，音调高低似乎也没有显著变化。这个研究进一步提出了一个问题：爸爸妈妈的声音模式是怎样以及在多大程度上影响宝宝所发出的声音的。

 宝爸宝妈小课堂

　　这个年龄段的小宝宝距离能够演唱著名民谣《彩虹之上》(Somewhere Over the Rainbow)还差得远，但是他们已经在努力发展，并通过尝试音调变化来磨练自己的乐感了。此外，根据我们刚刚介绍的研究，宝爸宝妈们表达出的与音乐相关的元素也可能影响宝宝的乐感发展。所以，请尽情在宝宝面前哼唱些旋律，来为他们做出示范吧！同时，宝爸宝妈们还可以在这个小实验的基础上尝试自己的原创实验。比如，你可以尝试探索宝宝是否会在听到你发出"尾音升调"和"尾音降调"的声音时，做出不同的回应。同时，你还可以观察宝宝是否会模仿你所发出的音调模式。

16 看！有蜘蛛！

适用年龄：4—5 个月
实验复杂度：简单
研究领域：认知发展

 **趣味实验怎么做**

将下面三张图分别拿给宝宝看。图片 A 中有一个简单的蜘蛛图案。图片 B 基于相同的图案，但某些部分的位置被移动了。

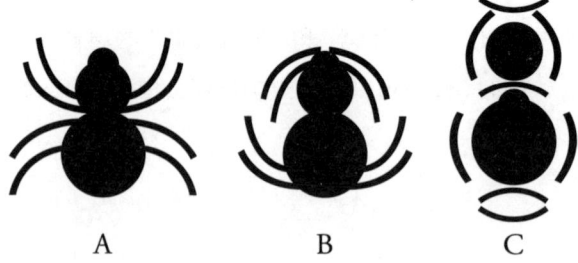

图片 C 虽然仍基于这个图案，但各部分特征被完全打乱了。你可以随意选择向宝宝展示这三张图片的顺序。

实验假设是什么

宝宝盯着图片 A 的时间会比看其他两张图片的时间长。

科学研究怎么说

纵观人类历史，蜘蛛是一个非常常见且大多数时候可以通过行动避开的威胁。认出蜘蛛，意识到蜘蛛是个威胁，并避免与其接触，是人类增加自身存活可能性的重要技能。

在 2007 年的一项研究中，科学家给宝宝们看了与上图类似的三张图片。结果，他们发现宝宝注视不同图片的时间在统计学上具有显著差异：宝宝们注视正常蜘蛛图片的时间最长（平均达 24 秒），而注视部分打乱和全部打乱的图片的时间较短（分别为 16 秒与 17 秒）。

科学家们提出，人类通过自然选择的过程，拥有了关于蜘蛛大致形态的内在心理模型。他们认为，这个模型主要有两个作用：首先，它的存在让宝宝能够迅速习得对蜘蛛的恐惧反应；其次，它让我们终生都具有迅速探测到环境中的蜘蛛的能力，并避免接触到蜘蛛。这种天生的能力并非独一无二——科学家们指出,对于在人类发展史上曾威胁到幼小儿童安全的事物,宝宝在很小的时候就会表现出相应的恐惧反应(例如,害怕高度,以及害怕成年男性等)。我们刚刚介绍的这个研究表明,类似的生存本能也适用于识别蜘蛛的形状。

 宝爸宝妈小课堂

你的宝宝有自己的"蜘蛛感应"——是不是超酷?虽然这并不代表他是个超级英雄,但这清楚地显示出宝宝对危险的节肢动物处于警戒状态。如果宝爸宝妈们想要拓展这个小实验,也可以尝试给宝宝看其他可能很危险的动物的图片(例如,蛇、老鼠、独角鲸等),然后观察他的反应。

17 巧辨年龄

适用年龄：4—7 个月
实验复杂度：较复杂
研究领域：认知发展

 **趣味实验怎么做**

在完成这个小实验时，你需要两个帮手：一个大约 9 岁或 10 岁的孩子，以及一名与这个孩子相同性别的成年人。让这两个人都练熟一段儿歌，例如"蛋头先生"[1]，让他们尽量在唱歌的速度、节奏、声调上都保持一致。随后，让他们单独演唱儿歌，并分别录音。接下来，让两个人并排坐在宝宝面前，确保宝宝能清楚地

---

[1] "蛋头先生"是一首英文儿歌，你可以随意选择一首熟悉的中文儿歌。——译者注

看到他们的脸。然后，播放孩子唱儿歌的录音，同时让两个人都随着声音做出相应的嘴形[1]。记录宝宝分别盯着两个人看的时长。最后，播放成年人唱儿歌的录音，并重复上述步骤。

 **实验假设是什么**

当播放孩子唱歌的录音时，宝宝盯着孩子的脸的时间会更长；当播放成年人唱儿歌的录音时，宝宝会更长时间地盯着成年人的脸。

 **科学研究怎么说**

在1998年的一项研究中，科学家们观察了4个月与7个月大的宝宝。他们在宝宝面前同时播放了一名成年人和一个孩子唱儿歌的录像画面，但只同步播放其中一个人的声音。当播放的是成年人的声音时，宝宝盯着成年人的录像的时间更长；而当播放孩子的声音时，宝宝盯着孩子录像的时间更长。这一结果表明，宝宝能够将声音与不同年龄的个体进行匹配。这一实验的步骤模仿了一项更早的研究，而在那项研究中，科学家们发现，宝宝能够将声音与相应性别的面孔匹配。

---

[1] 仿佛也在唱歌，但不发出任何声音。——译者注

在这个实验中,4个月大的宝宝和7个月大的宝宝的表现还有一定差异。在整个实验的多次尝试中,7个月大的宝宝从一开始就可以熟练地匹配声音与相应年纪的人,而4个月大的宝宝的匹配能力则在经过了几次尝试后才有所提高。此外,在7个月大时,那些和小孩子接触最多的宝宝(例如家中有哥哥姐姐)匹配得最为熟练;而在4个月大时,与小孩子接触的多少似乎与匹配能力并无关联。

进一步的分析显示,在排除了声音匹配性的作用后,7个月大的宝宝更喜欢看小孩子,而非成年人;而4个月大的宝宝对小孩子的偏好则要弱一些。以前的研究也发现过类似现象,即比起陌生的成年人,宝宝在看到陌生的小孩子时,反应更友好一些。

 宝爸宝妈小课堂

宝宝可以感觉出来,成年人和小孩子之间是有一些差别的,并且小孩子似乎具有一些特征,对宝宝来说特别有吸引力。不过,相信宝爸宝妈们已经意识到这一点了,不是吗?那么现在,你在鼓励宝宝的哥哥姐姐们多和小家伙互动时,就可以抛出一个很科学的理由了——宝宝喜欢他们多过大人!在宝宝的成长过程中,宝爸宝妈们可以多次重复这个实验。这不仅能够让你了解宝宝的"认脸"能力随时间的发展,或许还能让宝宝顺便学会几首儿歌呢。

科学家的工具箱

如果让人来现场演示实验场景（例如，现场唱儿歌），科学家们需要面对的一个问题是试次之间的细微差异。例如，在一个实验中，科学家需要给宝宝听积极或消极语调的说话声，并观察他们有什么不同的反应；如果实验采用一个人现场对宝宝讲话，那么这个人很有可能在某次实验中讲得比其他时候更加抑扬顿挫，或是使用了更加柔和的语气。

由于这些细微的差异可能会影响实验结果，科学家们在可能的情况下更愿意使用录音、录像或用计算机制作的仿真、动画等作为实验材料。这样一来，他们就可以确保不同的被试听到、看到的实验场景是完全一致的。

的确，在如今的心理学实验中，让宝宝观看计算机演示的实验场景越来越常见了。这种做法不仅是为了确保所有宝宝都看到相同的实验场景，也是为了让科学家们能够直接制作包含移动物体的画面，而非像以前那样制作成本极高的传统动画[1]。

---

[1] "传统动画"即绘制出每帧静态图像，再接连呈现以达到动画效果。——译者注

18 情绪写在脸上

适用年龄：4—12个月
实验复杂度：中等
研究领域：情绪发展

 **趣味实验怎么做**

你可以在宝宝4个月大时进行一次下面的测试，然后在宝宝1岁左右再重复一次。每次都需要记下宝宝在测试过程中的面部表情。在测试时，首先请一位朋友微笑着挠挠宝宝的手臂和小肚皮，这个过程持续10秒左右。

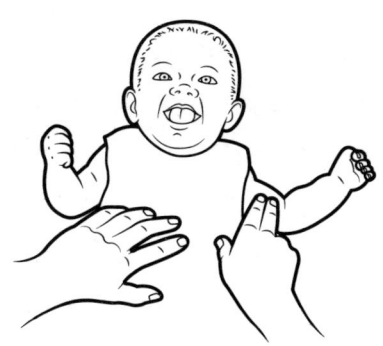

然后给宝宝一个酸的东西（比如用棉签蘸稀释的柠檬汁），让他尝一尝。接下来，按住宝宝的双臂，使其无法移动，持续30秒左右（如果宝宝在这个过程中显得非常难受，请提前结束测试）。

 **实验假设是什么**

与4个月大时相比，宝宝在1岁时的测试中会露出与情境更相符的表情。具体来说，宝宝会更明显地在被逗弄时露出愉悦的表情，在尝到酸的东西时露出厌恶的表情，而在手臂被限制时显得很生气。

 **科学研究怎么说**

在2005年的一项研究中，科学家让同一组宝宝在4个月和12个月大时分别经历"轻挠逗弄——尝酸的东西——手臂被限制"的测试程序。在每次测试中，宝宝的面部表情都被记录下来并归类。科学家们发现，与4个月大时相比，宝宝在12个月大时更多地展现出了与情境相符的表情。不过，即使到了12个月大时，宝宝在大多数情境下（被轻挠逗弄时除外）露出得最多的一种表情是单纯的感兴趣。另外，在面对一个"戴面具的陌生人"的情境中，虽然与情境相符的表情应该是害怕，但无论是在4个月还是12个月大时，都只有一小部分宝宝清楚地露出了害怕的表情。

（科学家们认为，仅仅看面部表情可能不是测量恐惧反应的最佳方法。）

根据情绪发展的一个主流理论，婴儿在出生时只有两种基本的情绪状态：消极情绪状态（也就是宝宝哭闹或显得很难受时）以及积极情绪状态。在这个发展阶段，宝宝会对各种令人不愉快的事物做出相似的消极反应，对各种令人愉快的事物做出相似的积极反应。但随着宝宝逐渐长大，他们的情绪状态会开始细化，某种令人不愉快的事物（例如，尝到酸的东西）会导致特定的情绪反应，另一种事物（例如，双臂被按住）则会导致另一种不同的情绪反应。这种针对特定情境的情绪细化被称为"情境内特异性"。心理学界还有一个相关的名词，叫作"情境间特异性"，即适用于特定情境的情绪在其他情境下很少出现。在上文介绍的2005年的研究中，科学家在参与实验的宝宝们的身上发现，随着他们的成长，情绪的情境内和情境间特异性都在增长。这些发现支持了这样的理论：随着宝宝的成长，他们会对特定的外界刺激做出越来越具体的表情。

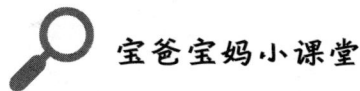 **宝爸宝妈小课堂**

想象一下，现在是凌晨三点，你那刚出生不久的宝宝哭了起来。这是饿了吗？是碰疼了哪里？还是尿了？是怕黑吗？还是小被子裹得太紧了？或者是想让爸爸妈妈抱？有时候，我们很

难搞懂宝宝为什么不开心。宝爸宝妈们经常说,随着对宝宝的一切越来越熟悉,能越来越准确地理解宝宝的哭声,并且能够区分表达"我饿了,想吃奶"的哭声以及表达"我尿了,需要换尿布"的哭声。这可能的确与宝爸宝妈对宝宝的了解加深有关。但同时,上文介绍的这些研究结果也表明,随着宝宝的成长,他们的情绪表达会越来越具体地针对特定情境,这可能也让宝爸宝妈更容易理解宝宝的想法。

| 19 | **压力突袭** |

适用年龄：6个月左右

实验复杂度：中等

研究领域：情绪发展

 **趣味实验怎么做**

让宝宝坐在安全座椅内，然后将安全座椅放在桌前，确保宝宝能清楚地看到桌面。进行实验时，你可以坐在宝宝旁边1米左右，让他一转头就能看到你。在桌面靠近安全座椅的一侧，放一个极具感官刺激性的玩具（例如，一个彩灯闪烁、滴滴作响的救火车玩具），

并等待30秒左右。随后，将这个玩具移动到宝宝能够到的地方，再等待1分钟左右。在这1分钟内，不要和宝宝有任何互动（当然，如果宝宝开始显得非常难过，就请提前结束实验）。让一个朋友记下宝宝在实验中的大致情绪状态（积极或消极）和具体行为（例如，不去看那个玩具，吸吮手指，或试图触碰玩具）。过一段时间，再次重复这个实验，但在第二次实验中，你可以随意与宝宝互动。

 **实验假设是什么**

在实验中，出现消极情绪的宝宝通常会采用一些应对策略，例如，转头看坐在一旁的宝爸宝妈、吸吮手指、闭上眼睛、使劲打那个让他不开心的玩具，或是试图通过语言及肢体动作引起宝爸宝妈的注意。在第一次实验中（当你完全不和宝宝互动时），看向别处、自我安抚（例如，吸吮手指）这样的行为应该能够很有效地让宝宝冷静下来；而退缩的行为（例如，试图远离玩具）则可能增加他的紧张程度。在第二次实验中（当你可以和宝宝互动时），通过呼唤宝宝的名字等方式来帮他将注意力从玩具上转移开，宝宝应当就能很快冷静下来；如果仅仅通过轻抚或发出简单的声音来哄宝宝，反而可能会让他更紧张。

 **科学研究怎么说**

在2004年,一组6个月大的婴儿和他们的妈妈参与了一项研究。科学家们首先告诉妈妈不要与宝宝互动,然后进行第一次实验,记录宝宝表现出的情绪状态和具体行为。随后,在第二次实验中,妈妈可以随意与宝宝互动,而科学家们同样记录了宝宝的情绪与行为。这项研究发现,许多宝宝都具有自我调节的能力,即表现出一些能够缓解自身紧张不适的行为。无论妈妈是否与宝宝互动,最有效的调节策略之一都是不去看那个玩具。此外,在第二次实验中,即妈妈可以与宝宝互动时,如果妈妈帮助宝宝转移注意力,宝宝就能更有效地调节自身的紧张不适。

在进行2004年的这项研究之前,还有许多研究检验了宝宝调节自身行为的能力。例如,1995年的一项研究关注了5个月和10个月大的宝宝,并发现:一些自我调节行为的有效程度与宝宝的紧张不适是在增强或减弱存在相关。而1999年的另一项研究发现,妈妈的参与能够帮助宝宝调节自身的紧张不适。而我们刚刚详述的这项研究则进一步表明,在6个月大时,许多宝宝都可以在面对玩具时让自己逐渐冷静下来;而当妈妈参与互动时,这种调节能力似乎更强。这项研究还发现,宝宝和妈妈的许多具体行为分别与宝宝不适感的增强或减弱相关联;并且,两个人的行为还以某种方式共同影响着宝宝的情绪状态。

宝爸宝妈小课堂

你的宝宝正处于情绪发展的过渡阶段呢！在这个时间段之前，如果宝宝感到不舒服，他基本上是依赖照顾他的人的安抚，帮助他冷静下来。而现在，他开始学会自己来应付"压力山大"的情境了。一方面，你可能感到骄傲又欣慰，因为宝宝正变得越来越独立；另一方面，你可能会吓一跳：当然，在未来的很多时候，宝爸宝妈都需要退后一步，让孩子自己想办法解决问题——但是在宝宝6个月大的时候就开始？这么早吗？哎呀，别担心！很明显，在这个过渡阶段，宝爸宝妈的帮助对宝宝非常重要，所以当宝宝难过时，你尽可以小小地干预一下，帮助宝宝转移注意力。毕竟，如果宝宝哭个不停，大家都会很难受。

安全小贴士

目前，大多数涉及婴儿的实验都需要遵守很严格的道德准则，但先前的一些实验并非如此。1920年，行为学家约翰·华生（John B. Watson）和罗莎莉·雷纳（Rosalie Rayner）在一名被称为小阿尔伯特的9个月大的宝宝身上进行了一项实验。在这项实验中，他们让小阿尔伯特接触一种小动物，并在这只动物每次出现的时候播放一声很吓人的巨响,从而试图在小阿尔伯特身上建立对这种动物的恐惧感。

在实验的一开始,小阿尔伯特对一只小白鼠并未表现出恐惧感,但每一次见小白鼠,研究者都在他背后用锤子敲一根钢条,发出"咣"的巨响,每次小阿尔伯特都显得非常难受。

随着实验的继续进行,每当小阿尔伯特出于好奇想要碰一碰小白鼠时,研究者就在他背后制造巨响。很快,即使研究者不再敲钢条,小阿尔伯特也显得对小白鼠十分恐惧。

根据这些研究者的记录,在建立了最初的条件反射的1个月后,小阿尔伯特依旧非常害怕小白鼠,甚至也害怕其他看起来像小白鼠的事物[1]。

很快,在小阿尔伯特的恐惧反射还未消除时,他的妈妈就决定让他退出实验。我们无从得知,他的恐惧反应到底持续了多久。

---

[1] 例如,兔子、小狗等毛茸茸的白色物体。——译者注

20 "自动"感知力

适用年龄：5—8个月
实验复杂度：较复杂
研究领域：知觉发展

 **趣味实验怎么做**

在宝宝的成长过程中，你可以将这个实验做两次：第一次在宝宝5—6个月大还不会爬时；第二次则在宝宝8个月大已经会爬时。在实验前，请准备两个相似的小玩具（很便宜的塑料小雕像即可），将其中一个做成"自动"的（似乎能够自己开始移动和停止），具体可以这样做：将一小块磁铁粘到玩具的底

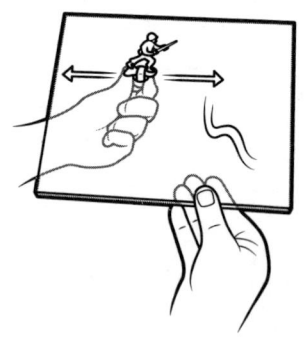

座上,然后把玩具放在一块薄纸板上,用另一块磁铁在纸板的背面吸引小玩具移动[1]。准备好玩具并粘好磁铁后,在宝宝面前展示一下——通过在纸板背面移动磁铁,让玩具从纸的一边开始"自行"移动到另一边——从而让宝宝熟悉这个过程。随后,让宝宝熟悉一下另外那个非"自动"的玩具:在宝宝面前,直接用手拿起小玩具,然后轻轻地从纸的一边推到另一边。重复几次后,让宝宝休息一会儿,然后交替地给宝宝看静止状态下的"自动"及非"自动"玩具。用秒表记录宝宝盯着哪个玩具看的时间更长。

实验假设是什么

宝宝是否会花更长时间盯着"自动"玩具看,取决于宝宝是否已经会爬了。

科学研究怎么说

在2006年的一项实验中,科学家们发现,7个月大的宝宝能够区分物体是在自行移动,还是在外力推动下移动。当看过几次以不同方式移动的物体后,宝宝大多会花更长时间盯着"自动"的玩具看。在2008年,科学家们进行了一系列类似的实验,来

---

[1] 即宝宝看不到其实是你在控制小玩具移动。——译者注

探究宝宝是否会爬与他们分辨"自动"与非"自动"的能力相不相关。在这些实验中，5～6个月大的还不会爬的宝宝和8个月左右的已经开始爬的宝宝盯着这些物体看的时间显著不同。实际上，在年龄相同（7个月）的宝宝中，会爬与不会爬的宝宝也在注视时间上存在差异。

分辨物体是否在自行移动的能力对宝宝来说十分重要，因为他们可以通过这个特征判断物体是不是活的。根据相关的研究结果，宝宝的自行移动能力（即会爬）似乎与他们分辨其他物体是否在自行移动的能力相关。在儿童发展领域，有一个更加广泛的理论，即宝宝对某个动作的理解和认识与他们自身实现这个动作的能力相关，而我们刚刚介绍的这些实验结果也为这个理论提供了支持。

 宝爸宝妈小课堂

你的宝宝第一次实现独立爬行了！这不仅意味着宝爸宝妈需要加固宝宝的安全门，并把贵重物品都放到高处，还意味着宝宝的认知也在发生变化。也就是说，在宝宝的认知发展和自身动作技能发展之间，建立了某种反馈机制，从而使二者能够共同进步。宝爸宝妈应该从中学到的是：宝宝现在能够自己到处爬了，并会积极地爬向他感兴趣的东西；此外，宝宝也能够分辨"自动"与非"自动"的物体了，而且对能自行移动的物体更感兴趣。综合这两条，你家里的猫大概要受罪啦！

21　身体被拉长了！

适用年龄：5—9 个月
实验复杂度：简单
研究领域：认知发展

 **趣味实验怎么做**

将如下图的两张图片并排拿给宝宝看。一张图片上印有一个身体比例正常的女子；另一张图片与第一张基本相同，但女子的脖子及上半身被拉长了，而腿部则被缩短了。记录下宝宝盯着哪张图片看的时间更长。

 **实验假设是什么**

在5个月大时,宝宝不会特别偏爱某张图片;而在9个月大时,他会花更长时间盯着身体比例正常的图片,而非比例被扭曲的那张。

 **科学研究怎么说**

宝宝似乎在很小的时候就懂得了人的面部结构,但没有那么早了解身体的结构。

例如,在2010年的一项研究中,科学家分别给5个月和9个月大的宝宝看了那两张并排的女子图片,其中一张是正常的,另一张则经过了计算机编辑,脖子、上半身以及腿部的比例都被更改了。从注视时间上来看,5个月大的宝宝并没有对某张图片有所偏好,而9个月大的宝宝展现出了偏好差异(虽然这个差异并不太大)——他们花了更长时间盯着比例正常的图片看。

另外一项发表于2004年的研究同样探究了婴儿对人体结构的认识。但在这项研究中,科学家使用的是含有打乱的身体各部位位置的图片(例如,手臂是从头顶上延伸出来的)。他们发现,直到12—15个月大时,宝宝们似乎才能分辨这些图片有些不对劲。而上文描述的那项2010年的研究显示,在9个月大时,宝宝就已经能认出正常的身体比例了。也就是说,宝宝对身体比例的理解早于对身体各部位位置的理解,而科学家们猜测的原因之一是,在日常生活中,身体各部位的位置是可以随动作变化的(例如,我们可以将手臂背到脑后,从某个角度看起来,手臂好像就是从头上"长"出来的一样),而身体比例却不那么容易变化,因此可能更容易被宝宝理解。

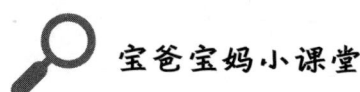
宝爸宝妈小课堂

毫无疑问,宝宝认识你面孔的时间远早于他认识你身体的时间。在宝宝的成长过程中,你们之间(以及宝宝和其他照料人之间)会有很多面对面的互动时间,但他很少有机会隔着一段距离观察你的身体结构。当然,宝爸宝妈们也可以帮助宝宝建立对身体的认识——例如,你可以指着自己身体的各部位,告诉宝宝它们的名字,以及在宝宝的身体上,这个部位在哪里("这里是我的手肘,宝贝的手肘是这里")。用不了多久,宝宝就能跟着你的"指令",在自己的身上指出"头在哪里,肩膀在哪里,膝盖在哪里,脚趾头在哪里"了。

22 与阿卡贝拉共鸣

适用年龄：5—11 个月
实验复杂度：中等
研究领域：乐感发展

 **趣味实验怎么做**

在实验之前，你需要准备两段录音：其中一段是一个小朋友在清唱一首歌（没有伴奏），另一段则是小朋友合着音乐伴奏唱这首歌。

在这个实验中，我们将会用到一个小技巧来测量宝宝对某个声音刺激（例如，一个声响或一段歌声）有多感兴趣。这个小技巧被称为"转头偏好程式"，包含以下操作：首先，引导宝宝看向他正前方的一幅图片，当宝宝的注意力被图片吸引时，就开始用计算机、音响或其他设备播放一首歌。如果宝宝将目光从图片上移开，就立即停止播放歌曲；接着，当宝宝又将目光转回图片时，就继续播放歌曲。[1]

将这个程序重复12次左右，交替使用清唱或带伴奏的歌曲。在每次程序开始时，引导宝宝看向前方的图片，然后播放歌曲，并记下歌曲一共播放了多长时间（即宝宝有多长时间在看图片）。如果宝宝在音乐停止后仍然盯着图片之外的地方2秒以上，就结束这次的程序。

 **实验假设是什么**

实验结束后，请将宝宝聆听清唱与带伴奏歌曲的时间（即宝宝看着图片的时间）分别取平均数。你会发现，基于聆听时间的长短，宝宝似乎更偏爱清唱的歌曲。

 **科学研究怎么说**

在2009年的一项研究中，三个年龄组的宝宝（分别5个月、8个月及11个月大）在同样的程序中听了两种录音。在一段录音中，一名9岁的女孩清唱了一首儿歌；而另一段录音则为同样的

---

[1] 经过这一过程，宝宝会慢慢意识到，只有在他维持某个动作时，才能听到特定的声音。因此，宝宝维持这个动作——即看向图片——的时间可以反映他们有多想继续听到这个声音。——译者注

演唱配上了音乐伴奏。在各个年龄组中，大部分宝宝（58%）聆听清唱的时间更长，28% 的宝宝聆听带伴奏的歌曲的时间更长，而 13% 的宝宝未展现出任何偏好。

对于宝宝偏爱清唱而非伴奏演唱这一现象，科学家们提出了几种可能的解释。首先，宝宝对人声音的兴趣（其他研究已经很好地证明了这一点）可能非常强烈，以至音乐伴奏对宝宝聆听人声造成了干扰。此外，宝宝的认知能力还不够成熟，因此可能更偏爱简单一些的声音。对于第二种解释，2006 年的一项研究提供了相关的证据：这项研究发现，对于同一首音乐，比起交响乐团演奏的版本，宝宝们似乎更偏爱单一乐器的演奏（例如，钢琴曲）。

 宝爸宝妈小课堂

虽然研究发现宝宝听清唱的时间更长，但科学家们也想要提醒音乐教育工作者们——宝宝依然会受益于听到各种各样的音乐。具体来说，他们建议根据教育目的选择给宝宝听的音乐。例如，当你想让宝宝学会一首简单的儿歌时，播放没有伴奏的版本可能效果更好。但如果你仅仅是希望培养宝宝欣赏音乐的习惯，那么就干脆根据你的口味选择各种音乐——古典乐、拉丁音乐、爵士乐、嘻哈、太空迪斯科……当然，"儿童不宜"的音乐除外。

23 来自大自然的干扰

适用年龄：6—8 个月

实验复杂度：中等

研究领域：语言发展

 **趣味实验怎么做**

在一个安静的、没有其他干扰的房间里，坐在宝宝对面，然后用拉长、降调的声音重复"boo——"[1]，直到宝宝不再看你时再停下来（如果宝宝一直看着你，则在大约15秒后停下来）。多次重复上述程序，直到宝宝对这个声音不再感兴趣为止。接下来，用同样的方式重复"goo——"[2]，并观察宝宝看着你的时间是否重

---

[1] 音同"布"。——译者注

[2] 音同"谷"。——译者注

新变长。

几天之后，再次进行这个小实验，但这次请同时播放一段大自然的声音（例如，鸟语、风声、雨声等）作为背景音。播放背景音时，最好选择一个既能吸引宝宝注意力、又不影响宝宝听到你的声音的音量。

 **实验假设是什么**

当你在安静的、没有干扰的情况下进行实验时，宝宝会在你切换到"goo——"时重新开始较长时间地看着你，也就是说，他意识到前后两个声音是不同的。但是，当你播放大自然的声音作为实验背景音时，宝宝不大容易注意到你发声的变化。

 **科学研究怎么说**

在2008年的一项研究中，科学家们将参与研究的宝宝们分成了三组。第一组完成了"安静版"实验，即从熟悉"boo——"到切换成"goo——"都在安静的环境中进行。第二组完成的是"分心版"实验，即从熟悉"boo——"到切换成"goo——"都在有大自然的声音作为背景的情况下进行。第三组则完成了"分心—安静版"实验，也就是说熟悉"boo——"的过程是在有声音作为背景时进行的，但在即将切换到"goo——"之前，背景音被关掉了，

环境重新恢复安静。

　　科学家们发现，第一组（安静）的宝宝们在听到声音切换为"goo——"时，看着发声者的时间明显变长了，也就是说他们能够意识到声音有所变化。而另外两组（分心、分心—安静）的宝宝们在声音切换时并未更长时间地看着发声者。

　　基于这个实验的发现，结论似乎很明显——背景音让宝宝分心了，对人声的注意力比相对安静时更弱。的确，前人研究表明，婴儿似乎特别容易受到"鸡尾酒会效应"[1]的影响，即其他"竞争音"的存在会让人很难集中注意和理解特定的声音。

　　虽然这个实验似乎只验证了一个显而易见的现象，但我们还可以从中得出一些新的结论：即使背景音并非人声，音频也和人声完全不同，宝宝还是分心了，没能分辨出人声的变化。成年人一般能够根据听觉线索"过滤"不相关的背景音，但在6—8个月大时，宝宝似乎还没有发展出这种能力。

---

[1] 实际上，"鸡尾酒会效应"本身指的是在多个声音同时存在的情况下，将注意力集中在某一个或几个声音上的能力。这种能力在婴幼儿期是逐渐发展的。因此，原文中"婴儿特别容易受'鸡尾酒会效应'影响"这种说法可能并不准确。我们或许可以说"婴儿还不太俱备'鸡尾酒会效应'所需要的能力"。——译者注

宝爸宝妈小课堂

读完这个实验,宝爸宝妈们可以进行一个共情小练习:想象一下你身处异国,完全听不懂当地的语言,但你在尽力从中分辨出一点可用的信息。下面,再想象一下,你决定专心听其中一段对话,而同时有其他20段对话在周围进行着。实在太容易让人分心了,不是吗?这就是宝宝在有背景音的情况下听你讲话的感觉。因此,在和宝宝互动时,请关掉电视,关掉收音机,让宝宝更容易聆听你——只有你。

24 蓄势待发的手势

适用年龄：6—9 个月

实验复杂度：简单

研究领域：动作与语言发展

 **趣味实验怎么做**

让宝宝坐在你的腿上，然后拿一个或几个摇铃玩具给宝宝玩几分钟。在宝宝玩摇铃的过程中，记录他有多少次一边做出有节奏的肢体动作，一边发出咿咿呀呀的声音（例如，在用手晃动摇铃的同时，重复某个音节）。接下来，将宝宝放到地板上，和他一起看一会儿书或玩一会儿其他玩具。

同样的，记录下有节奏的肢体与发声同步出现了多少次。

 ## 实验假设是什么

宝宝经常有节奏地做出一些肢体动作，并随之发出咿咿呀呀的声音。尤其是当宝宝手里有个摇铃时，这种情况可能更经常出现。在6—9个月大时，这种动作与发声之间的协同会越来越明显，并且手臂动作与发声的协同通常强于腿部动作。此外，比起无节奏的随意动作，有节奏的肢体动作更容易伴随有节奏的发声（例如，重复某个音节）。

 ## 科学研究怎么说

众所周知，在日常交流中，无论是成年人还是孩子，讲话时都常伴随着手势。1999年，两位发展心理学家提出了一个模型，用以解释婴儿是如何发展出"动作—发声"协同的。他们认为，手势与语言并非两种彼此独立的沟通方式，而是同一套沟通系统的两个部分，且二者之间存在紧密联系，能够相互影响。

在2005年的一项研究中，科学家们探究了"动作—发声"协同的早期发展，即在宝宝开始发出咿咿呀呀的声音时，肢体动作与发声是否经常共同出现。为了搞清楚这个问题，他们来到宝宝们的家中，让宝爸宝妈和宝宝一起玩几分钟的摇铃，然后再一起

读一会儿书或玩其他玩具,同时观察宝宝的行为。他们发现,在研究关注的四个年龄组(6个月、7个月、8个月和9个月大)中,比起其他身体动作,手臂动作与发声之间的协同更经常出现。这种"动作—发声"协同在玩摇铃时出现的频率最高,且这个频率在6—8个月时会逐渐增加,在8—9个月时也有小幅度的增加。与理论假设一致的是,这种协同大部分时候都是"动作"先行(例如,宝宝会晃动手臂,随后开始发出声音)或同时进行的(即动作和发声在同一时间出现)。同时,和成年人的动作习惯类似,宝宝在做出单手的手势时,通常使用右手臂。

 宝爸宝妈小课堂

手势与动作之间有着非常强的联系,以至当其中一部分受到妨碍时,另一部分的运作也会受阻。实际上,一些习惯在说话时伴随大量手势的人可能会说,如果把他们的双手绑起来,他们大概也就没办法正常说话了。当宝宝展现出有节奏的"动作—发声"协同时,他们的语言及动作系统之间的联系在逐渐建立。如果宝爸宝妈想要帮助宝宝增强这种联系,可以多让他玩摇铃,或是其他一摇就响的玩具。当然,由此而来的"噪声"很可能会让你头疼,但至少你知道,这是在促进宝宝的发展。

25 该用几只手？

适用年龄：6—9个月
实验复杂度：简单
研究领域：动作技能发展

 **趣味实验怎么做**

在实验前，请准备两个球状物体：其中一个很小，宝宝一只手就能轻易握住；另一个大一些，宝宝需要两只手一起才能拿住。首先，将小球举在宝宝面前，留意宝宝是伸出了一只还是两只手去够小球。接下来，将较大的球举在相同的位置，同样记下宝宝是单手还是双手去够大球。在每种情况下，当宝宝够到了球后，都可以让他拿着球玩30秒左右。交替使用小球和大球来重复上述操作，直到你能够判断宝宝更喜欢用哪种方式够球：他是更经常伸出一只手去够球，还是通常会把两只手一起探出去？

找到宝宝伸手的偏好后,就可以进行实验的下一步了:从现在开始,只把那个大小不符合宝宝伸手偏好的球给他。也就是说,对于喜欢双手去够球的宝宝,重复地把小号的球举在他面前,然后观察宝宝是否会渐渐只伸出一只手;而对于那些喜欢单手够球的宝宝,重复地把大号的球举在他面前,然后观察他是否会换成用两只手去够。在这个阶段,把球举给宝宝大约10次即可。

 **实验假设是什么**

在实验的后半部分,虽然宝宝可以只用一只手就抓住小球(或者对于另外一些宝宝,需要用两只手才能抓住大球),他很可能还是会继续使用自己一开始偏爱的方式。宝宝的年龄越小,尤其越容易"固执"地坚持使用已经建立的伸手方式偏好。

 **科学研究怎么说**

在2009年的一项研究中,科学家们和6个月、7个月、8个月及9个月大的宝宝们互动,并交替给他们看实心的小球(直径约5厘米)和大球(直径约12~13厘米),从而判断每个宝宝是更喜欢用单手还是双手够球。他们发现,大多数宝宝都会更经常伸出双手(而非单手)去够球。不过也有一些宝宝更喜欢单手够球。此外,还有很少一部分宝宝没有表现出始终如一的偏好,而是会根据球的大小决定伸手的方式。在那些偏好单手够球的宝宝中,即使重复地把大球拿给他们,大部分宝宝也会继续只伸一只手。那些偏好双手够球的宝宝大多也会维持双手的方式,即使面前反复出现的是一个单手就能握住的小球。

成年人可以很自然地根据以往经验随时调整自己伸手拿物体的方式,但小宝宝们并非如此——即使情境发生了持久的变化(即与偏好方式相悖的球反复出现),这个年龄段(6—9个月)的小家伙们也很难克服自身原有的偏好,去调整伸手的方式。这说明,根据物体大小选择伸手方式的过程并非与生俱来的,而是随着发展逐渐建立的。

宝爸宝妈小课堂

在宝宝的成长过程中,宝爸宝妈们可能都有过这样的"惊艳"体验:我的宝宝居然这么快就学会一样新东西了!当然,也有的时候,宝宝要花几个月才能发展出在你看来轻而易举的技能。你可能会纳闷:这么简单的东西,他怎么这么久才学会呢?相信我,这种发展过程通常都是有其合理原因的。例如,在某些阶段,宝宝某个领域的能力可能在优先发展,另一些领域则被暂时"搁置";还有一种可能是,某种技能的实现需要其他多个领域能力的支持,因此,宝宝可能要在其他领域的能力都发展到一定阶段时,才会在这种综合的技能上有实质性的进步。不管原因是什么,请宝爸宝妈们一定要保持耐心,然后准备好为宝宝学会新的技能而欢呼吧!

26 魔镜魔镜

适用年龄：6—9 个月
实验复杂度：简单
研究领域：认知发展

 **趣味实验怎么做**

让宝宝坐在地板或高椅子上，对面摆一面大镜子。让宝宝可以随意在镜子前活动，并从他开始看镜子起计时 2 分钟，在这 2 分钟内仔细观察宝宝的行为：宝宝对自己的映像感兴趣吗？有没有用手去指或触碰，或者用其他方式试图和镜子互动？宝宝是表现出了开心而友好的情绪，还是害怕、害羞或者生气？他看起来是否认出了镜子里的人是自己？当宝宝做出动作时，他是否也在注意镜子里的小宝宝有没有做出同样的动作？

 **实验还可以这样做**

如果朋友家有与你家宝宝年龄相近、性别相反的宝宝,不妨邀请他们也来尝试这个小实验,然后对比你们的发现。

 **实验假设是什么**

即使宝宝只有6个月大,他也很可能在那2分钟内长时间地盯着镜子看。年龄更大一点的宝宝(8~9个月左右)更有可能对着镜子笑起来,并通过触碰和舔等方式和镜子互动。

 **科学研究怎么说**

在2007年的一项研究中,科学家们观察了三个年龄组的宝宝(6个月、8个月及9个月大)在镜子前有什么样的行为。他们发现,三个年龄组的宝宝都对着镜子看了很长时间(在计时的2分钟内,宝宝们用了85%～90%的时间看镜子)。不过,6个月大的宝宝的注意力虽然集中在镜子上,但并未试图和镜子互动。而再大一些的宝宝身上出现了许多寻求互动的行为。在8个月和9个月大的年龄组中,分别有超过40%和50%的宝宝表现出了愉快、友好的行为,例如,微笑或咯咯地笑,以及试图以触碰、舔及其他方式和镜子接触。让研究者感到惊讶的是,在8～9个月大的宝宝中,男孩尝试与镜子互动的行为频率大约是女孩的2倍。

在此之前,关于婴儿在镜子前的表现的研究表明,早在3个月大时,宝宝看到自己的镜中映像后的行为就发生了变化。例如,1972年的一项研究发现,宝宝们在看到镜中的自己时,会露出微笑,嘴里发出叽叽咕咕的声音,并用手去够镜中的影像。而同时,有研究表明,宝宝直到1岁以后(14—22个月左右)才能意识到镜中的影像是自己。例如,同样是在1972年的这项研究中,科学家们采用了一个小测试,在宝宝的鼻子上画了一小块标记。他们发现,1.5岁左右的宝宝在看到镜子里的自己时,会用手去摸自己的鼻子，而非"镜中人"的鼻子，这标志着他们已经意识到了镜子里的人就是自己；年龄更小的宝宝没有表现出这样的行为。

前文提到的那项2007年的研究其实也支持了这些结果。他们的研究表明，在6—9个月大时，宝宝会以社会交往的方式试图和镜子互动。并且，他们似乎也开始意识到，镜中人的动作和他们自己的动作是一致的。

 宝爸宝妈小课堂

看着宝宝试图和镜中的映像互动，实在是件有意思的事。当然，宝宝也难免会在镜子上留下点手印、口水等。宝爸宝妈可以花一些时间参与到这种互动中来，和宝宝一起照照镜子。例如，你可以看看宝宝本身，然后再看一看镜中映出的宝宝，然后观察宝宝是会看着你，还是会看着镜中的你。

27 抓住咖啡杯

适用年龄：6—9 个月

实验复杂度：中等

研究领域：认知发展

 **趣味实验怎么做**

在实验前，请准备一个中等大小、一侧打开的纸板箱，以及一个带把手的大号咖啡杯。让宝宝坐在桌前，然后将纸板箱放在桌面上，高度和宝宝的双眼大概齐平，将打开的那一侧朝上。接下来，将咖啡杯放进箱子里，确保宝宝看不见箱子内部。

请一位朋友来扮演实验者，在宝宝面前将手从上方缓缓伸进箱子。在伸手进去时，让朋友将手张大，做出一副想要一把抓住整个杯沿，而非仅仅抓住把手的样子。紧接着，将箱子取走，让宝宝能看到箱内的情形——朋友的确抓住了整个杯沿，而非把手,将杯子轻轻提起于桌面上方。用秒表来记录宝宝盯着杯子看了多长时间。

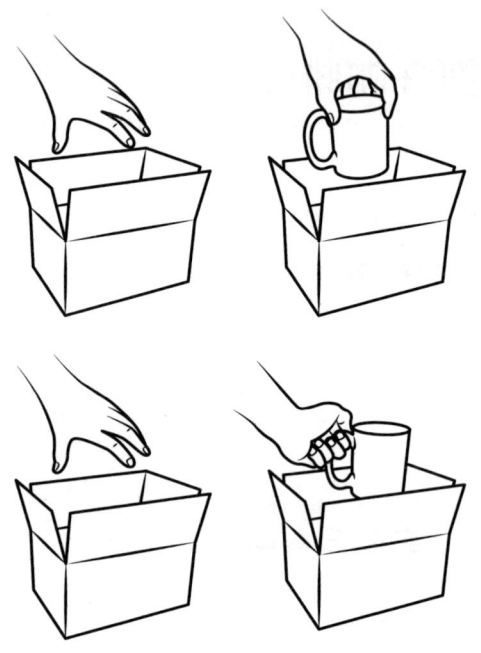

几天之后,重复上述步骤。当朋友伸手进箱子时,同样将手张得很大。但这次,当箱子被移走时,宝宝会看到手只抓住了杯子的把手。同样的,记录宝宝盯着杯子看了多长时间。

 **实验假设是什么**

在第二次实验时（即朋友只抓住了杯子的把手时），宝宝盯着杯子看的时间会更长。

 **实验还可以这样做**

如果朋友家有年龄相仿的宝宝，你们也可以分别和两个宝宝进行两种情境的实验（抓住杯沿，或是抓住把手），然后对比结果。

 **科学研究怎么说**

在2009年的一项研究中，科学家们给6个月及9个月大的宝宝看了一小段视频，内容为一个人将手伸进纸盒中。在其中一部分宝宝看到的视频里，手是大张着伸进盒子的；而另一半宝宝看到的则是手缩着伸进盒子。紧接着，宝宝们看到了两张静止的图片，一张上是一只手抓着一只咖啡杯的整个杯沿，而另一张上则是一只手抓着杯子的把手。宝宝看着每张图片的时间都被记录了下来，以便进行后续分析。数据分析显示，让宝宝看了更长时间的，是与之前视频中的抓握方式不符的那张图片。例如，那些

在视频阶段看到手大张着伸进箱子的宝宝，到了图片阶段，会花更长时间盯着只有杯子把手被抓住的那张图片，而非整个杯沿被大张的手抓住的那张图片。科学家们据此得出结论：宝宝可以根据手接近杯子时的动作在脑海中预测最后的抓握方式是什么样的。而当他们看到最终的抓握方式与预期不符时，就会觉得很意外，从而长时间地盯着图片看。

科学家们进一步提出，宝宝在6个月大时，就可以根据他人伸手拿东西的动作方式，推断目标物体的大小，哪怕他们并没有亲眼看到那个物体。对于研究目标指向性行为的发展心理学家来说，这一结论有着一定的理论意义。

科学家们还指出，虽然他们的研究表明，6个月大的宝宝就能根据他人的伸手方式推断物体大小了，但另一项更早的研究显示，宝宝到了约9个月大时，才能够根据看到的目标物体的大小，调整自己伸手抓握的方式。这些发现或许代表着，有时在宝宝自己能实现某种行为或能力之前，就已经开始理解这种行为或能力，并据此对现实情境做出推断了。

 宝爸宝妈小课堂

作为一个成年人，你可能会觉得，这个咖啡杯的小把戏没什么大不了的。不过，当宝宝看到这些情景时，他的小脑瓜里可正在发生着各种各样复杂的过程。具体来讲，宝宝不仅要估计他人的手张了多大,然后把这个大小和目标物体的大小联系起来,还要能意识到伸手的动作是冲着某个目标去的(即目标指向性行为)。随着宝宝逐渐长大,他将能越来越熟练地理解他人行为的意图,并预测行为的结果。如果宝爸宝妈想协助宝宝掌握这种技能,可以在日常生活中依次指出一系列相关行为,并告诉宝宝它们之间是怎样彼此联系的。

科学家的工具箱

许多大学都建立了婴儿实验室,专注于研究小不点们的发展。例如,康奈尔大学设有生命早期行为研究实验室(Behavioral Analysis of Beginning Years Laboratory;简称 B.A.B.Y.,即英文中的宝宝一词),研究宝宝的早期沟通与交流、认知及语言发展。罗格斯大学的分子与行为神经科学中心也下辖婴儿研究实验室(Infancy Studies Laboratory)。加州大学伯克利分校的早期学习实验室(Early Learning Lab)关注婴幼儿的语言习得,同时也研究他们如何理解概率,以及如何对事物进行分类。斯坦福大学的婴儿研究中心(Center for Infant Studies)专注于理解宝宝的视觉和神经发展、语言以及社会认知。英国牛津大学的婴儿实验室(Babylab)研究语言习得和视觉加工的关键元素。在耶鲁大学的婴儿认知研究中心(Infant Cognition Center),

科学家们关注宝宝如何认识周围的物质与社会环境。而加州大学洛杉矶分校婴儿实验室（UCLA's Baby Lab）的研究则聚焦知觉与认知发展。

　　这些实验室会通过各种途径来招募宝宝参与实验，例如在当地报纸或父母常阅读的杂志上刊登广告，或是通过查阅公开的出生记录等信息直接联系家庭。参与实验后，实验室通常会准备小礼品给这些宝宝和他们的家人，例如，印着学校标志的T恤，或是"小小科学家"证书等。

28 积极的小手

适用年龄：6—10 个月
实验复杂度：简单
研究领域：动作技能发展

 **趣味实验怎么做**

你可以分别在宝宝 6 个月、8 个月和 10 个月大时尝试这个实验。准备一段半米长的细绳，将一个玩具系在一端。让宝宝坐在婴儿座椅里，在与宝宝鼻子平齐的位置顺时针缓缓旋转玩具。当宝宝伸出手去够玩具时，记录下宝宝用的是左手、右手，还是两只手一起。如果宝宝成功地抓住了玩具，就让他拿着玩一小会儿，随后重复上面的操作，但这一次，逆时针旋转玩具。接下来，你可以交替使用顺时针和逆时针旋转，多次重复上面的步骤。

 **实验假设是什么**

在6个月或10个月大时,宝宝可能不会明显地偏好使用某只手。只不过当玩具从左侧向右侧转时,使用左手可能更容易;相反的,当玩具从右侧向左侧转时,宝宝可能会更经常用右手去够。但是,在8个月大时,无论玩具向哪个方向转动,宝宝都更可能用右手去够。

 **科学研究怎么说**

早先的研究已经证明,宝宝在6个月大之前就能"预测性"地够物体了。也就是说,当他们看到正在移动的物体时,能够在脑海中估计出物体将会到达的位置,并朝着那个位置伸出手去

够,而非朝着物体当下所在的位置伸手。在2009年的一项研究中,科学家们试图探究不同年龄的宝宝会用什么方式去够移动中的物体。实验中,有6个月、8个月和10个月大三个年龄组的宝宝参与了测试。科学家们将一个玩具系在绳子的一端,使其在宝宝面前旋转。同时记录宝宝伸手去够和抓的动作。当玩具从右向左转时,三个年龄组的宝宝都在超过一半的时间中用右手去够,且8个月大的宝宝对使用右手的偏好最强(大约80%的时间)。当玩具从左向右转时,6个月和10个月大的宝宝们使用左手的次数超过右手的2倍;但是,8个月大的宝宝用右手去够的次数却是左手的2倍。

科学家们已经了解到的是,伸手去够并抓住某个物体对于这么小的宝宝来说并非易事,不过对于年龄相对较大的宝宝来说终究还是容易一些。此外,宝宝左、右利手的习惯会在6—10个月内逐渐显现。之前还有一项研究证明,相对于简单的任务来说,宝宝更容易在复杂的任务中表现出对利手[1]的使用偏好。上文介绍的实验结果表明,8个月大的宝宝表现出的利手偏好比其他年龄段的宝宝更突出。科学家们提出,这一现象可能是因为在8个月大时,够玩具还算是个有点难完成的任务,因此宝宝对利手的使用偏好尤其明显。相对的,在6个月大时,虽然这个任务对宝宝来说非常困难,但是他们的利手还没有发展完全;而在10

---

[1] 利手,即平时习惯使用的手。——译者注

个月大时,利手早已发展到位,但宝宝已经能较为轻易地抓住玩具了,因此也就没有明显地偏好使用利手。

 **特殊情况小提示**

虽然大部分宝宝可能会去够玩具,但有些宝宝可能对这个玩具不大感兴趣。而在去够玩具的宝宝中,有些宝宝可能没能成功地抓住玩具。另外,虽然较大比例的宝宝会是右利手的,但你家的小家伙也可能恰好是左撇子。

 宝爸宝妈小课堂

各位宝爸宝妈,欢迎来到用"诱饵"锻炼宝宝能力的世界!在宝宝长大成人的过程中,你可能时不时地需要为他准备点奖励,来激励他做完某些事情。对宝宝来说,想要够到玩具就需要付出很多努力进行手眼协调,还需要能够预测物体移动的方向。当宝宝长大后,这两种能力将会成为他在游戏竞技中制胜的法宝,当然也能帮他在嘉年华的摊位上多赢几个毛绒玩具。如果宝爸宝妈想要帮助宝宝进一步发展这些能力,可以尝试和他一起在地板上玩玩小球——让小球在地上滚来滚去,然后让宝宝尝试截住小球。此外,还可以让他玩一些具有简单移动模式的机械性小玩具。

29 你想要的我也要

适用年龄：6—12 个月
实验复杂度：简单
研究领域：社会性发展

 **趣味实验怎么做**

拿两个相似的玩具，放在宝宝面前的桌面上。接下来，让宝宝看到你从两个玩具中挑中了一个：首先把手伸向其中一个玩具，同时做出消极的表情（例如，皱起鼻子、轻轻摇头），显得你一点都不喜欢这个玩具；随后，当你将手伸向第二个玩具时，做出积极的表情（例如，微笑着扬起眉毛）以表示你很感兴趣，然后将玩具拿起来玩一小会儿。最后，将玩具放回原位，让宝宝从两个玩具中选一个。

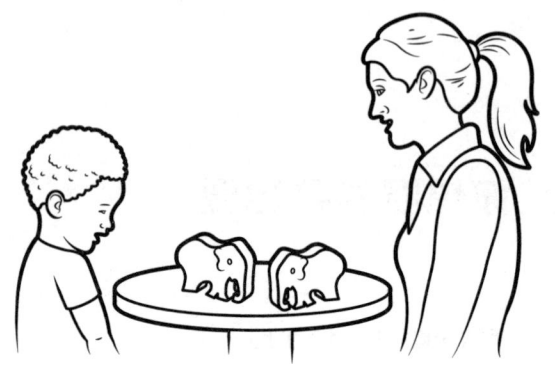

 **实验假设是什么**

当你拿起玩具(而非仅仅用手背碰一下)时,宝宝会选择你假装喜欢的那个玩具。

 **实验还可以这样做**

你也可以尝试另一种实验方法:同样将两个相似的玩具放在宝宝面前。而这次,不要将手伸向你选择的那个玩具——因为这个动作带有明显的目标指向性——而是仅仅用手背碰一下玩具,并不去够或抓住玩具。然后观察宝宝会选择哪个玩具。

 **科学研究怎么说**

在2008年的一项研究中,科学家们让一组7个月大的宝宝观看一名成年人在两个玩具中选择了其中一个,然后再将两个玩具拿到宝宝面前让他们选择。他们发现,58%的宝宝做出了和成年人同样的选择,35%的宝宝做出了相反的选择,另有7%的宝宝没有选玩具。

接下来,科学家们对实验做了一个小改动。一名成年人对两个玩具之一表现出了明显的兴趣,并试图伸手抓住玩具,但是因为玩具离得太远了而没有拿到。比起之前的实验情境(即成年人成功地拿到了感兴趣的玩具),宝宝在看到成年人努力去够了,但是没能拿到玩具时,竟然更偏爱这个玩具了——66%的宝宝选择了成年人伸手去够的玩具,34%的宝宝选了另一个。

这项研究还发现,当看到他人做出目标指向性行为时(例如,伸手去够玩具),宝宝很有可能去进行模仿;但是当某个行为并未被看作目标指向性行为时(例如,用手背碰一下玩具,但不伸手去拿),宝宝就不会因此对这个玩具表现出明显的偏好。

进行这项实验的科学家认为,宝宝在7个月大时就能够区分某个行为是否是目标指向性的。并且,他们会基于对他人行为目标的理解,调整自己的行为目标。

宝爸宝妈小课堂

在学界,有一个专门的词来描述我们刚刚介绍的现象:小猴学样(Monkey see, monkey do)。从很小开始,宝宝就会从你的行为中解读信息,因此,宝爸宝妈们或许要确保自己的行为目标是可以让宝宝模仿的。记住:你们是宝宝的榜样。如果你想验证一下自己的行为对宝宝有多大影响,那么不如在餐桌上重复这个小实验:当一个新菜被端上来时,让宝宝看到你选择了这个菜,而非已经摆在桌上的某个食物,然后看看宝宝会不会跟着你一起尝试新菜。

糟糕,爸爸/妈妈板起脸来了!

适用年龄:6—24 个月
实验复杂度:中等
研究领域:情绪与社会性发展

小贴士:在原始的实验中,宝宝在哭闹了一小段时间后才会得到他人的安抚。但我建议宝爸宝妈们在一看到宝宝显出难过的样子时就结束这个小实验。

 **趣味实验怎么做**

让宝宝坐在一个高脚椅上(或其他安全的地方),和他互动1分钟左右——向他微笑、哼一段歌、和他讲话或一起玩。接下来,将头转开几秒,再转回来时,用双眼凝视着宝宝,保持面无表情,并不再和宝宝互动。

 **实验假设是什么**

宝宝可能会试着把你重新拉回互动中来——向你微笑,发出咿咿呀呀的声音,向你伸出手或者敲打桌面。很快,他就会对你的毫无回应感到纳闷又沮丧。这时,他可能会开始皱起眉头、打哈欠、四处张望或开始哭闹。但当你注意到宝宝变得很难过,并重新开始和他互动时,宝宝又能很快地开心起来。

 **科学研究怎么说**

1975年,爱德华·特罗尼克(Edward Tronick)——一位婴儿行为与社会性发展研究者——首次尝试了"面无表情"实验。所有参加实验的宝宝都一致地表现出了实验假设中描述的行为。这项研究成果也是发展心理学领域被重复验证得最多的发现之一。

这项实验说明,宝宝在很小的时候就已经对人与人之间的互动有了基本的理解,并且能够感知到特定的表情是与特定的情绪相关联的。在后续的研究中,科学家还关注了自闭症、听障等特殊需要儿童在这项实验中的表现有何不同。例如,2000年的一项研究发现,患有自闭症的儿童只有在面对非常熟悉的成年人时,才会在"面无表情"实验中表现出与正常儿童相似的行为。

而在另一项关于听障婴儿的研究中，科学家发现，只有性情平易随和的宝宝才会在"面无表情"实验中表现出与正常婴儿相似的行为，而性情执拗易怒的宝宝对这样的情境没有什么明显反应。

 宝爸宝妈小课堂

在牌桌上，喜怒不形于色或许能给你带来优势，但"面无表情"实验告诉我们，小宝宝们非常需要宝爸宝妈将爱意表现出来。宝宝在内心深处已经具有了社会性，而他人的面部表情则是他们理解人际互动的关键信息。为了帮助宝宝更好地发展这种理解，宝爸宝妈们在和宝宝互动时要注意使用恰当的表情。比如，年龄尚小的宝宝或许还不知道踢打或啃咬会使别人感到很疼。因此，当宝宝打到或咬到你时，你可以明显地露出呲牙裂嘴或退缩的表情，帮助宝宝意识到，"呀！我伤到爸爸／妈妈了"。同样的，当你表扬宝宝时，不仅要说出来，还要通过表情告诉他你有多开心。"面无表情"实验印证了一点：无论对成年人还是对孩子，一个简单的微笑便可以改变一切。

31 显而易见的"骤变"

适用年龄：6—24 个月

实验复杂度：简单

研究领域：认知发展

 **趣味实验怎么做**

选两个能让宝宝将手伸进去的盒子（例如，小硬纸盒），放在宝宝面前。给宝宝看一个玩具，然后把玩具放进盒子 A[1]，让宝宝能够伸手把玩具拿出来。多重复几次上述操作，每次都把玩具放进盒子 A。但最后一次，将玩具放进盒子 B。

---

[1] 你可以随意选择其中一个盒子当作"A"。——译者注

 **实验假设是什么**

当你最后将玩具放进盒子 B 时，1 岁以下的宝宝依旧会将手伸向盒子 A，即使他们刚刚亲眼看到你将玩具放进了另一个盒子。而从 1 岁左右开始，宝宝在相同的情境下会将手伸向盒子 B 寻找玩具。

 **科学研究怎么说**

"A 非 B 错误"，也叫作持续性错误，是由著名发展心理学家让·皮亚杰（Jean Piaget）于 1954 年首先观察到的；当时，皮亚杰的研究关注的是儿童如何理解物体的恒常性。从那时开始，又有许多科学家尝试对他最初的实验进行调整，从而探究宝宝们到底是如何犯了这个小错误的。

有一些研究者认为，习惯化——重复地将手伸向盒子 A 的动作——导致了宝宝随后的错误。但 1997 年的一项研究表明，可能还有更复杂的因素导致了这个现象。在这项研究中，两组宝宝分别参与了经典的"A 非 B"测试：首先，宝宝在成年人的鼓励下多次掀开盒子 A 上的盖子；随后，成年人会鼓励宝宝去掀开盒子 B 上的盖子。在被鼓励掀开盒子 B 的盖子前，其中一组宝宝看到他人将一个玩具放进了盒子 B 中，而另一组宝宝则没有看到这一幕。如果动作习惯化是导致"A非B错误"的唯一原因，那么这两组宝宝应该会做出同样的动作，因为他们都习惯了去查看盒子A。但是，这个实验的结果表明，在看到玩具被放进了盒子B的那组宝宝中，仍然去打开盒子A的宝宝相对较少。科学家们表示，虽然导致"A非B错误"的具体原因还不明了，但上述实验结果至少能够证明，动作习惯化并不能完全解释这一现象。

 宝爸宝妈小课堂

　　先别急着嘲笑宝宝犯的小错误——我们自己不也常被魔术戏法骗到吗？可以说，本节介绍的小实验就是一个极度简化的误导，而魔术师们所使用的则是复杂版本的误导，能够让观众误以为某个物体以似乎不可能的方式消失或移位了。身为成年人的我们都会被熟练演绎的障眼法骗过，更何况小家伙们呢！所以，当宝宝成长到1岁左右，能够明白玩具到底在哪个箱子里时，可别忘了给他们鼓掌喝彩哦。

32 金发效应

适用年龄：7—9 个月
实验复杂度：较复杂
研究领域：认知发展

 **趣味实验怎么做**

在实验前，请准备三张长方形的硬纸板，将每张折出三面，使其能够立在平面上。在三张硬纸板表面包上不同颜色／花纹的彩纸，然后将它们逐个在宝宝面前摆好。这时候，你可以站在硬纸板后方，并准备好三个互不相同的小玩具。让其中一个小玩具缓缓地从第一个硬纸板后冒出来，好像它在偷偷看着宝宝一样。随后，再将玩具重新撤回硬纸板后。用同一个玩具在同一块硬纸板后重复上面的操作，记录下过了长时间后，宝宝才不再看向玩具与硬纸板了，即看起来对玩具的出现不再感兴趣。

另找一天时间,重复上面的实验步骤。在这一组实验中,每次都随意选择一个玩具和一个硬纸板来组合演示。同样的,记录下过了多长时间后,宝宝才不再看向玩具与硬纸板。

最后,再找一天,依旧重复这些步骤,但请遵照一定的次序选择玩具和硬纸板:例如,使玩具 A、B、C 分别从第一、第二和第三张硬纸板后升起,然后再按顺序重复。记录下过了多长时间后,宝宝才不再看向玩具与硬纸板。

 **实验假设是什么**

比起可以轻易预测的情境(即每次都是同一个玩具从同一张硬纸板后升起)和几乎无法预测的情境(即每次都是随机的一个

玩具从随机的一张硬纸板后升起），在简单次序情境中，宝宝的注视时间会更长。

 **科学研究怎么说**

在很久以前，科学家们就已经观察到，宝宝有时会展现出"熟悉偏好"，有时又会展现出"新奇偏好"。在前一个情境中，比起陌生的事物，宝宝会对熟悉的事物倾注更多注意力；在后一个情境中则恰好相反。而下文即将介绍的实验结果，或许能够帮我们预测宝宝更可能出现哪种偏好。

在2012年的一项研究中，科学家们为7个月和8个月大的宝宝们播放了一系列小动画，内容为易于辨认的物体从盒子中升起。在不同的试次中，呈现顺序的可预测性有所不同。这项实验发现，比起非常容易预测或是几乎无法预测的情境，可预测性处于中等水平的情境吸引宝宝目光的时间最长，也就是说，宝宝可能对这种情境最感兴趣。

这种中间状态（不会太简单，也不会太难）就是吸引宝宝注意力的"金发姑娘之点"[1]。当宝宝熟悉了某个任务或情境时，它

---

[1] 该名词源于童话故事《金发姑娘和三只熊》，内容大致为一位金发姑娘闯进了三只熊的家，在品尝过家中的三碗粥之后，她认为一碗太凉，另一碗太烫，只有第三碗不凉不烫刚刚好。因此，"金发姑娘效应"被用来形容对中等、适度而非处于任何一个极端的事物的偏好。——译者注

在宝宝心目中的复杂度就变低了。当两个实验刺激都让宝宝觉得熟悉且无聊时，他会偏爱更接近"金发姑娘之点"的那一个，也就是相对新奇的那一个（新奇偏好）。而当两个实验刺激都很复杂且难以预测时，宝宝同样会偏爱更接近"金发姑娘之点"的那一个，也就是相对熟悉那一个（熟悉偏好）。

 宝爸宝妈小课堂

找到宝宝的"金发姑娘之点"，也就是他所喜欢的、处于"这个好无聊啊……"和"这到底是什么啊？！"之间的"刚刚好"的状态，可不是件轻而易举的事。即使有时你觉得自己已经找到了，这种偏爱也可能会随时变化——毕竟，宝宝正处于迅速成长的时期嘛。此外，宝宝的注意力也是持续变化的。所以，如果你发现宝宝很容易分心，先不要泄气——随着宝宝的成长，这种迷迷糊糊的状态很快就会结束。

33 谁来做我的观众？

适用年龄：7—11 个月

实验复杂度：简单

研究领域：社会性与语言发展

 **趣味实验怎么做**

首先，和宝宝一起玩 10 分钟左右。你可以随意选择玩什么，就像你平时陪宝宝玩时一样。同时，请留意在这 10 分钟内宝宝发出咿咿呀呀声音的频率。接下来，再花 10 分钟左右和宝宝一起玩；在这 10 分钟里，每当宝宝发出咿咿呀呀的声音时，你就微笑着向宝宝靠近一些，然后轻轻地抚摸他。同样的，留意在这 10 分钟内宝宝发出咿咿呀呀声音的频率。

 **实验假设是什么**

在第二个10分钟的玩耍阶段内,宝宝发出咿咿呀呀声音的频率会比第一段时更高。

 **科学研究怎么说**

在2003年的一项研究中,科学家安排宝宝和妈妈一起连续参与三段玩耍,并比较宝宝发出咿咿呀呀声音的频率有何不同。在第一段与第三段玩耍中,妈妈就像平时在家一样陪宝宝玩。而在第二段玩耍中,科学家告诉妈妈们,每当宝宝发出咿咿呀呀的声音时,就请妈妈给予积极的社会性反馈。这项研究发现,宝宝在第二段玩耍中发出的咿咿呀呀声不但更多,而且更加复杂,与成熟的语言具有更多相似的特征——例如,他们的发音更加完整,使用的音节数也更多。

这项研究表明,在宝宝还处于牙牙学语的阶段时,他们的发音就受到社会性反馈的影响了。因为妈妈给予宝宝的回应不是以语言表达的(而是微笑、靠近宝宝、轻轻抚摩等),因此宝宝发声的变化并非简单的模仿。由此,完成这项研究的科学家指出,社会学习理论的观点——认为模仿是儿童发展变化的主要驱动力——可能并不完全适用于这个情境。

宝爸宝妈小课堂

宝爸宝妈们或许都有过这样的体验：当我们生病，嗓子发炎时，根本没办法像平时一样用语言及时回应宝宝发出的咿咿呀呀的声音。不用着急，即使是非语言性的回应，像是一个微笑或者轻柔的抚摸，都可以帮助宝宝提高语言技能。当然，也不用在宝宝面前太过卖力地演"哑剧"，那可能会吓到他们。

34 看着我的眼睛

适用年龄：9—10个月
实验复杂度：简单
研究领域：社会性发展

 **趣味实验怎么做**

请两位朋友帮忙，在宝宝面前进行一场小"表演"。首先，让两个人肩并肩、面对宝宝站好，然后在某个时刻同时转身面向对方，看着彼此的双眼，互相打个招呼。请他们保持这样面对面的姿势，直到宝宝不再看向他们。过一小会儿，请这两位朋友重复上面的步骤，但这一次，他们不再面向对方，而是同时转身背对彼此。在背对背的状态下，两个人依旧互相打个招呼，然后保持这样的姿势，直到宝宝不再看向他们。

 **实验假设是什么**

在9个月大时,如果你记录宝宝盯着两种情境看的时间,可能不会发现明显的差异。而到了10个月大时,宝宝看"背对背"情境的时间可能会比看"面对面"情境的时间长。

 **科学研究怎么说**

在2012年的一项研究中,科学家给9个月和10个月大的宝宝们看了两段视频,内容均为两个成年人互致问候。在其中一段视频中,两个人始终保持着背对背的姿势;而在另一段视频中,两个人在问候对方时是面对面、看着彼此的双眼的。这项研究

发现，如果比较两种情境下的注视时间，只有10个月大的宝宝们表现出了明显的差异——他们盯着"背对背"情境的时间更长。科学家们认为，宝宝注视时间的增加体现了一种"新奇偏好"，即他们倾向于盯着出乎意料的事物看（而非完全意料之中的事物）。也就是说，在9—10个月的这段成长中，宝宝开始认为，人们在进行社会互动时应当面对彼此、目光相接。

根据这项研究的发现，9个月大的宝宝似乎无法分辨有目标的注视（即两个人面对面进行短暂交谈）和回避性的注视（即两个人背对背问候）；这表明，他们还不理解在社会互动中，人们通常会期望彼此处于面对面、目光相接的状态。宝宝或许能理解"注视"这一动作在某些情境下具有特定意义（例如，一个人会一边盯着一个物体，一边伸手去够，所以"注视"表示此人想要这个物体），但是这种理解似乎没有泛化到社会互动的情境中。

研究者承认，宝宝在9—10个月大这短短的时间内获取了这种理解的确有点奇怪，而如果对实验的细节做一些调整，我们或许会发现，9个月大的宝宝也对社会互动中的"注视"行为有一定了解。不过，他们也指出，他们的实验非常简单直接，两个年龄组之间的差异也十分明确，足以支持他们的研究结论。

 **宝爸宝妈小课堂**

你的宝宝正在逐渐成长为一个小侦探——当你以为他还只顾着自己玩时，宝宝其实已经在聆听周围成年人的对话，观察他们的互动方式，并且在脑海中对社会互动的各种"法则"做出假设了。既然你现在知道了宝宝对成年人之间的对话十分感兴趣，不如多给他一些机会观察这种对话或其他社会情境。当然，这并不代表你需要带宝宝出席正式场合的社交活动——你可以简单地在去超市时带上宝宝，或是在和朋友聊天、回忆当父母之前的时光时，让宝宝坐在你的腿上旁观你们的对话。

科学家的工具箱

当科学家们想要了解不会说话的宝宝对某个事物（例如，物体、图片，或是事件、情境）有多大兴趣时，一个经典的方法是记录他们的注视时间。例如，科学家们可能会向宝宝同时展示两张图片，然后记录下宝宝看向每张图片的时间。

在早些时候，科学家们会将小摄像机绑在宝宝的前额上，以尝试记录宝宝正在看向哪个方向。不过，当宝宝只移动目光，而没有转动头部时，这种技术会失效。

而在如今，我们通常会使用通过角膜屈光采集数据的眼动记录系统。这类仪器会使用近红外光源，并记录眼球对光的反射。这种技术刚开始普及时，数据采集需要实验参与者的头部保持静止——这在婴儿实验中实在是难以实现。不过，随着眼动记录仪器和数据分析软件的进步，即使宝宝的头会随意动，科学家们也能获取较为准确的数据。实际上，当向宝宝展示两张图片时，眼动记录仪不仅能告诉我们宝宝在看哪一张，还能告诉我们具体是画的哪个部分吸引了宝宝的注意力。

　　而在最前沿的眼动记录技术中，科学家们甚至不需要红外光源或其他特殊设备，就能够理解眼部的活动，这将会进一步增加眼动研究的便利性。

35 外表还是内核?

适用年龄:10 个月

实验复杂度:中等

研究领域:语言发展

 **趣味实验怎么做**

在实验前,请准备两对看起来一模一样的容器(一共四个容器),例如装盐的罐子或者小瓶子。这些容器不能是透明的,也就是说,从外面不能看到里面装了什么东西。对于每对外观相同的小瓶子,在其中一个里装上半瓶的盐或者糖,在另一个里放入一个硬质的小玩意,例如一枚硬币或一块小石头(确保两个瓶子在摇晃时发出的声音不同)。

将第一对小瓶子拿给宝宝看,指着其中一个说,"看,这是个 wug";然后再指着另一个说,"看,这是个 zav"[1]。随后,分别拿起两个小瓶子,摇一摇,向宝宝展示它们分别会发出什么样的声音。展示结束后,记录宝宝盯着两个瓶子的方向看了多长时间。

几天之后,给宝宝看第二对外观相同的小瓶子(一瓶装有半瓶盐／糖,另一瓶装有硬币／小石子)。分别指着每个瓶子说,"看,这是个 fep"[2]。随后,分别摇一摇每个瓶子。展示结束后,记录宝宝盯着两个瓶子的方向看了多长时间。

---

[1] "wug"和"zav"为原文使用的编造出的单词,你可以随意选两个词当作两个小瓶子的"名字",只要确保它们发音明显不同即可。——译者注

[2] "fep"同注 1,你也可以随意编造一个词作为两个小瓶子的相同的"名字"。——译者注

 **实验假设是什么**

宝宝在第二次实验中（两个瓶子的"名字"相同时）的注视时间比在第一次实验中（两个瓶子的"名字"不同时）长。

 **科学研究怎么说**

在2009年的一项研究中，科学家给10个月大的宝宝们看了两个外观相同，但会发出不同声音的瓶子。对于其中一组宝宝来说，相同的"名字"被用来指代两个瓶子；而对于另一组宝宝来说，则有两个不同的"名字"分别被用来指代两个瓶子。在摇动瓶子展示声音后，科学家记录了宝宝继续盯着两个瓶子的方向看了多长时间。

他们发现，当用相同而非不同的"名字"来指代那两个物体时，宝宝的注视时间更长。科学家们认为，较长时间的注视意味着这个情境出乎宝宝的意料。具体来说，宝宝听到他人用相同的名字指代两个小瓶子，就假设这两个瓶子也会发出相同的声音。而实际上，当两个瓶子被摇晃时，发出了不同的声音，这一与期待相悖的情境引起了宝宝的兴趣，因此他们会更长时间地盯着瓶子看。

这项研究发现表明，宝宝会利用他人言语中的信息——也就是他人用来指代小瓶子的"名字"——来对物体的内部特征(与外观并无关联)做出推断。没错,即使两个物体外观完全相同,宝宝也能够根据不同的"名字"假设物体内部的状况。科学家们指出,宝宝们在10个月大时就能做到这一点,说明这种能力并非在语言习得启动后才逐渐形成的,而是在宝宝开始理解词汇的早期阶段便就位了。

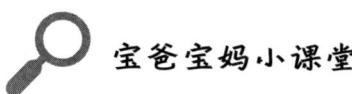
宝爸宝妈小课堂

在面对一门不熟悉的语言时,将其中的词汇和所指代的物体对应起来,对任何人来说都不是个简单的任务,更不用说对于才刚开始学习语言、连自己的手脚都还分不清的小宝宝们了。如果我们仅仅依赖外观来建立词汇与物体之间的对应关系,那么大概连"贵宾犬和大丹犬都可以被称为'狗'"的这一事实都很难理解。但是,我们是可以根据其他内部特征(例如,它们发出的声音)来辨别事物的,这就解决了很多问题。当你想帮助宝宝学习词汇,而这个词汇恰巧可以指代许多外观不同的事物时,就可以利用我们刚刚介绍的实验结论:帮助宝宝找到这个词汇指代的事物有什么共同点——是能够发出相同的声音,对于人类具有同样的作用,还是都有一条摇个不停的小尾巴?这样一来,宝宝就能够将这个词汇的意义泛化,并且认出可以被这个词汇指代的其他具体事物,即使它们的外观各不相同。

36 演示与推理

适用年龄：9—15 个月

实验复杂度：中等

研究领域：认知发展

 **趣味实验怎么做**

在桌面上放一个"抱着"小球的毛绒玩具（只要能够将小球夹在或固定在毛绒玩具上即可），再在玩具的右边放一个塑料杯子，里面装有一只同样的小球。准备好后，将这些东西展示给宝宝看：把毛绒玩具拿起来摇一摇，然后拿起杯子晃一晃，让小球在里面滚动。接下来，将所有东西都从桌面上拿走，将杯子中的小球取出，再将抱着球的毛绒玩具和空杯子放回桌面。让宝宝靠近桌面（能够抓到玩具或杯子的距离），然后观察他在接下来的60秒内的行为。尤其注意宝宝是否会将毛绒玩具手上的小球拿

走,是否会将这个小球放进杯子里,以及是否会拿起杯子摇晃,让小球来回滚动发出声响。

过几天后,再次准备好所有物品。不过这次,从一开始就不将任何物体放入塑料杯子。在宝宝看着的情况下,你可以将小球从毛绒玩具的手里拿走,放进杯子中,然后摇晃杯子发出声响。紧接着将所有物品从桌面上拿下,将小球塞回毛绒玩具手中,然后再将抱着球的玩具及空杯子放回桌面。同样的,让宝宝靠近桌面,然后观察他在接下来的60秒内的行为,特别注意宝宝是否将小球从毛绒玩具手中拿走,放进杯子,并自己摇晃杯子。

 **实验还可以这样做**

如果你家(或者朋友家)有两个年龄相近的宝宝,你可以分别和他们尝试两种情境中的一种,而不是间隔几天就在同一个宝宝身上完成实验。这样一来,你就可以排除由于宝宝熟悉了实验步骤而导致的结果偏差了。

 **实验假设是什么**

在完成实验的第一种情境时,宝宝很可能将小球从毛绒玩具手中拿走。但他接下来的行为会与年龄有关:如果宝宝的年龄还比较小(9个月左右),他可能不会将小球放入杯子(虽然他可能会摇晃空杯子);而如果宝宝的年龄已经比较大了(15个月左右),他可能会将小球放进杯子里,但不大可能接着摇晃杯子。

在完成实验的第二种情境时,宝宝同样很可能将小球从毛绒玩具手中拿走。如果宝宝的年龄还比较小,他可能会展现出与第一种情境相似的行为(即不会将小球放入杯子);但是如果宝宝的年龄比较大,他很可能会接着模仿你的行为——将小球放进杯子,然后拿起杯子摇晃。

 **科学研究怎么说**

在2007年的一项研究中,科学家测试了9个月、12个月和15个月这三个年龄组的宝宝是否能够学会一套分三步的动作。在每个年龄组中,都有一部分宝宝被分配到"对照组",也就是说,他们只能看到顺序动作的最后一步(一个装有小球的杯子被摇晃,发出声响),而没有看到前两步(小球被从毛绒玩具手中拿走,然后被放进杯子中)。其他宝宝则被分到了"展示组",也

133

就是说，他们看到了完整的三个步骤。随后，所有宝宝都有机会随意摆弄桌子上的物品，科学家们则记录宝宝完成了三步中的几步。

在9个月大的宝宝中，对照组与展示组都将小球从毛绒玩具手中拿了出来，但在之后的两个步骤的完成度上并没有明显差异。在12个月大的宝宝中，与对照组相比，展示组更有可能将小球从毛绒玩具手中拿出，并放进杯子中；接下来，展示组的宝宝开始摇晃杯子，让小球在里面来回滚动、发出声响，而对照组的宝宝则在摇晃空杯子。15个月大的宝宝们与12个月大的宝宝们的表现基本相同。

根据这些结果，进行研究的科学家们认为：在9个月左右时，宝宝能够自行学会第一步（即拿到小球），却没有能力学会之后的两步。但这种情况很快就发生了变化。在看到全部动作展示的情况下，有1/3的12个月大的宝宝和2/3的15个月大的宝宝都能完整重复三个步骤。不过，在这两个年龄组中，没有一个对照组的宝宝完整重复了三个步骤。这说明，宝宝还是需要亲眼看到他人展示每个步骤，才能够在稍后独立完成。因此，科学家们认为，在15个月大时，宝宝能够学习并模仿一套分三步的顺序动作，但如果他们没有看到他人的展示，便无法推理出中间应该有什么动作。

 **宝爸宝妈小课堂**

小宝宝们对因果关系的理解可能还不够，无法推测通往最终目标的中间步骤。但我们刚刚介绍的这项研究表明，如果宝宝看到他人完整地展示了每一个具体步骤，或许就能够学会并模仿一系列动作。因此，你可以在日常生活中以系统性的方式有意地向宝宝演示一个新技能，例如，通过按下某个按钮启动玩具，然后再按下另一个按钮，让玩具播放音乐。在演示前，你可以先在脑海中理清各个动作，然后确保宝宝看到你按照顺序完成了每一步。

37 别动我的玩具!

适用年龄:9—24 个月
实验复杂度:简单
研究领域:社会性发展

 **趣味实验怎么做**

这个实验需要在两个年龄相近的宝宝一起玩耍时进行(例如,当你的朋友带自己的宝宝来你家玩时)。选一样两个宝宝都会喜欢的玩具,让他们一起随意玩耍20分钟左右。在这个过程中,你和另外一名家长可以在一旁陪伴宝宝们,就像平时一样自然地和他们互动,不过大多数时候不要干预,让宝宝们自由行动。如果你看到其中一个宝宝拿过了另一个宝宝正在玩或是刚刚放下的玩具,请密切注意他们接下来的行为,尤其是被拿走了玩具的宝宝会有何反应:他是否很抗拒,伸出手去够玩具,

想要把玩具拿回来？他是否会哭叫，或是以语言"抗议"别人抢走他的玩具？他是否表现出了攻击性行为（例如，推打拿走玩具的宝宝）？

 **实验假设是什么**

当自己手中的玩具被拿走时，宝宝的反应与他们的年龄有关。对于9～12个月大的宝宝来说，抗拒行为出现的可能性远远高于攻击行为；同时，他们也不大可能会通过哭或语言表达等方式表示"抗议"。而到了24个月大左右，宝宝既有可能表现出抗拒行为，也同样可能发动"攻击"，并且会更多地使用哭泣、语言等方式来表达自己的诉求。

 **科学研究怎么说**

在2011年的一项研究中,科学家们让9～30个月大的宝宝们与年龄相仿的同伴互动,并观察他们的行为。在大多数观察阶段,宝宝之间至少出现了一次"抢玩具"事件,即一个宝宝拿过了另一个宝宝正在玩或是刚刚放下的玩具。在每个年龄段内,当自己玩的玩具被对方拿走时,都有一小部分宝宝表现出了很不愉快的反应,并且这类反应出现的比例会随年龄逐渐增加。对于12个月大和24个月大的两个年龄组,在表现出了不愉快反应的宝宝中,有10%出现了攻击行为;而到了30个月大时,将近40%的出现不愉快反应的宝宝使用了攻击行为。哭叫和语言"抗议"同样会随年龄增加,而单纯的抗拒行为则随年龄逐渐减少。

这项研究的结果显示,从12个月大开始,宝宝就可能会在玩具被拿走时出现肢体攻击的行为反应,不过只有一小部分宝宝表现出了这样的反应。此外,到了2岁左右(24个月大),宝宝会开始使用"这是我的!"等语言表达,这说明宝宝们开始意识到,口头"占有"可能会帮他们获得玩具。在进一步的数据分析中,这项研究还发现了行为反应的性别差异——虽然男孩和女孩都对玩具被拿走十分抗拒,但男孩出现攻击反应的可能性更高,而女孩则更多地使用语言"抗议"。

宝爸宝妈小课堂

当玩具被拿走时，宝宝是否能冷静对待取决于许多因素，例如他们的气质类型、年龄与性别等。当然，更重要的是宝爸宝妈们的应对方式。如果你看到宝宝以各种方式攻击了其他小朋友，请进行必要的干预——将扭打的宝宝们分开，如果时机合适，还可以口头教育宝宝如何与他人分享。如果宝宝已经比较大了，需要向他解释为什么不可以攻击其他小朋友，然后让他"面壁思过"几分钟，或许能让他更牢地记住这个教训。如果宝宝年龄还很小，很难理解"面壁思过"，那么不如暂时将宝宝抱走，这样一来，你既保护了另外一个小朋友，也让宝宝有机会冷静一下。

安全小贴士

在20世纪中期，美国国会通过了一项法案，要求有关方面设计一些安全与预防措施，来降低孩子被困在冰箱中的风险。

作为对这项法案的回应，《儿科》（*Pediatrics*）杂志发表了一项名为"幼儿在'被困冰箱'模拟情境中的行为"的研究。你或许已经根据题目猜到研究的内容了——研究者将2～5岁的小朋友关在与冰箱相似的大箱子中，然后观察他们是否能从中逃脱。大概1/4的孩子在不到10秒内就逃了出来,而余下的3/4则在3分钟内逃脱或被释放出来。

这项研究收集了多项数据,包括逃脱的成功率是否与孩子的年龄、体型和行为表现相关;力量的使用;在箱子中的时间;孩子有没有哭叫求援。

基于这项研究的数据,有关部门设计了关于冰箱内部开门装置的各项标准。在之后的几十年内,联邦法律一直要求冰箱制造商们根据这些标准生产冰箱。

在这项研究完成了8个月后,另一项研究追踪调查了当初参与原始研究的孩子们,以评估原始研究是否对他们造成了长期的心理创伤,例如,出现退行的症状(已经度过婴儿期的儿童重新表现出了如同婴儿一般的幼稚行为)。幸好,这些孩子似乎并没有被实验经历吓到,留下长期的创伤。不过,援引参与追踪调查的研究者的话:"许多孩子仍然会向我们讲述在原始实验中的经历,有些认为那是一次愉快的体验,但有些表现出了对那项实验的怨恨。"

38 读取线索

适用年龄：10—12个月
实验复杂度：中等
研究领域：情绪发展

 **趣味实验怎么做**

在实验前，准备4件常见的居家用品，尽量选择宝宝会感兴趣但不会对宝宝造成任何危险的东西，并确保它们的大小大致相近。例如，你可以找一个线团、一盒扑克牌或是一个小塑料杯。最好选择宝宝从来没有拿着玩过的物品。

让宝宝在一个高脚椅子或安全座椅里坐稳，然后随意挑出两件物品放在宝宝面前，让他能看到却够不到。这时，你可以面对宝宝，站在物品后，然后盯着其中一件物品说，"看看这个"。接下来，用15秒左右的时间描述这个物体，并在讲话时保持面无表情，声音中也不要带有任何感情（例如，如果注视的是一个杯子，你可以说："这个杯子是塑料的，它是红色的，上面有一个把手"）。最后，再说一次"看看这个"，然后将两个物品都挪到宝宝能够到的地方，给他30秒左右的时间随意拿起物品玩。注意一下宝宝对哪个物品更感兴趣。

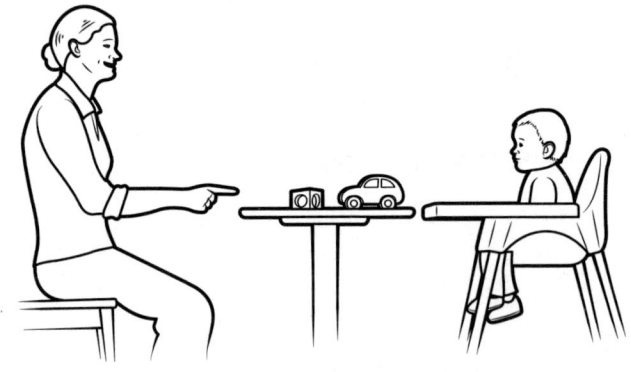

随后，你可以用另外两个不同的物品再次重复实验。但与上次实验中的面无表情不同，这一次，请你露出害怕的表情，用带着恐惧的声音（先倒抽一口凉气，然后用很快、很紧张的方式说话）描述自己注视着的物品。虽然你的表情和声音都很消极，但请避免使用消极的词语（例如，不要使用"很丑""吓人"等词）。和上次实验相同，依旧使用描述性的、反应现实的词语（例如，描述颜色、形状等）。随后，同样将两个物品都挪到宝宝能够到的地方，给他30秒左右随意玩耍，注意宝宝对哪个物品更感兴趣。

 **实验假设是什么**

如果你的宝宝只有 10 个月大,那么他可能在两个情境中都不会对某个物品有所偏爱。但当宝宝长到 12 个月大时,他可能会在第一个情境中(面无表情)更喜欢玩你描述过的那个物品,而在第二个情境中(面带恐惧)则会避免接触你描述过的那个物品。

 **科学研究怎么说**

在 2003 年的一项研究中,科学家给 10 个月和 12 个月大的宝宝看了一段视频,内容为一名女性成年人将注意力集中于面前的两个物品之一,并且面无表情地用平和的语气描述了这个物品。随后,这两个物品被放到宝宝面前,让他们可以随意把玩。在这个步骤后,宝宝们被分为了两组。其中一组宝宝看了一段与刚才相似的视频,但在这个视频中,成年人看着其中一个物品时露出了害怕的表情,并用带有恐惧的声音描述了这个物品。而在另外一组宝宝所看到的视频中,成年人表现得十分热情,带着很积极的表情和语气描述了这个物品。同样,在看完视频后,两个物品被放到宝宝面前,任他们随意玩耍。

这项研究发现,10 个月大的宝宝在三个情境中(中性、消极、积极）的表现并无明显差异。但是，12个月大的宝宝表现出了情境差异——在中性与积极情境中，他们更喜欢玩那个在视频中受到成年人关注的物品；而在消极情境中，他们较少去碰那个被成年人关注的物品。此外，在消极情境中，宝宝自己也显得有些害怕。

根据这些发现，进行实验的科学家们如此总结：在12个月大时，宝宝可以从他人的表情、语气中获取信息，并据此对目标物体做出假设；而10个月大的宝宝还没有获得这项技能。

 宝爸宝妈小课堂

从他人的表情中读取情绪"信息"是一项极其有用的技巧。有了这种能力，你就能避免在无意中与他人发生冲突。当你在清早走进办公室，发现老板在不由自主地流泪时，你的"表情读取器"就会提醒你，今天最好别和老板提升职加薪的事。这种能力还能帮助我们远离危险，这一点对于还很脆弱的小宝宝们来讲尤为重要。通过"读取"他人的恐惧，他们能知道哪些事物可能会伤害自己，并尽量避免接触这些事物。从这一时期开始，宝爸宝妈们就可以开始对宝宝进行安全教育了——你可以把危险的事物（例如，灶台或刀架）指给宝宝看，然后用紧张、恐惧的声音告诉宝宝离它们远一点。

39 徒步旅行

适用年龄：10—16 个月

实验复杂度：中等

研究领域：动作技能发展

 **趣味实验怎么做**

当宝宝能够独立行走时，你就可以开始尝试这个实验了：在天气暖和时，在室外找一块平地，将3～4米长的一大张纸铺在地上，然后用安全的颜料给宝宝的脚底染上颜色，确保当他在纸上走时，脚趾和脚跟都能

在纸上留下痕迹。（这个实验也可以在室内完成，当然，如果在室内进行，你可以用清水代替颜料沾湿宝宝的双脚，以防将地板弄脏。）接下来，请让宝宝站在纸的一端，而你则站在另一端，鼓励宝宝从纸上走过来找你。随后，将你自己的脚底也涂上颜料，然后铺一张更大的纸在地上，以正常的步伐从上面走过去。完成这些步骤后，比较一下你和宝宝留在两张纸上的足印。你可以在宝宝成长的岁月中间隔几个月，甚至几年，来多次重复这个实验，并观察宝宝足迹的图案有什么变化。

 **实验假设是什么**

宝宝刚开始独立行走时，他左右两脚的足印之间的距离会比你的宽1/3左右[1]；当然，在评估这个数据时，也需要考虑体型的因素——无论对于成年人还是小宝宝，体型较胖通常意味着双脚间距离更宽。同时，在走路时，你的双脚足迹一般会是大致平行的，但宝宝的双脚会向外张开一定的角度。此外，你的行走路线会比宝宝的更直，而且即使考虑了腿长的差异，宝宝的步长也要比你的小。

---

[1] 比起成年人，学步的宝宝在走路时两脚分得更开。——译者注

 **科学研究怎么说**

在儿童发展科学领域，有许多研究关注婴幼儿行走的技巧，并且大多专注于探究学步是怎样开始并发展的。在2009年的一项研究中，科学家试图理解行走的技巧是如何逐渐提升的，以此推动该研究领域的进展。具体来说，这些科学家希望搞清楚到底是发展成熟、多次练习还是体型的变化推动了行走技巧的提升。通过使用我们在上文描述的"墨水法"，他们研究了婴儿、幼儿园小朋友以及成年人的足迹图案。这项研究发现，即使考虑到腿长的差异，不同年龄的个体也在步长、双脚间宽度、走路时双脚的朝向（脚尖朝内还是朝外）以及行走曲线（通过计算连续三步路线中的角度，来衡量个体是否在走直线）上存在差异。随后，他们检验了这些指标是否与参与者的年龄、练习走路的多少以及体型存在相关。这项研究发现，宝宝们练习走路多少（即宝宝已经开始走路多长时间了）的效应十分明显：开始走路的时间越长的宝宝，足迹模式与大人越相似。而年龄和体型变化却没有什么独特的效应。

完成这项研究的科学家表示，关于行走的早期研究曾经认为，年龄增长——大脑发育成熟的间接衡量指标之一——可能是行走技巧提升的最重要的影响因素。从20世纪80年代起，研究者们开始更关注宝宝的行走"经验值"。我们刚刚介绍的研究结果表明,练习走路的多少可能的确是最显著的影响因素。他们指出,对于一个能够独立行走的宝宝来说,他们一天的行走量甚至能达到几千步,而且可能是在各种各样的"地形"中进行的——地毯、瓷砖、木地板、草地、水泥地,等等——每个情境都是他们提高行走技巧的绝佳机会。

 宝爸宝妈小课堂

找到迈步的窍门后,宝宝通常还需要一点鼓励,才能多多练习走路。在宝宝被允许走来走去的空间内——无论是在一个小屋子里还是在很开阔的空地上——他们都可能会摇摇晃晃地来回乱转。当你发现宝宝不时会不小心碰到墙时,请记住,和许多其他发展领域一样,勤加练习才是提升行走技巧的关键。所以,虽然直接抱着宝宝到处走会省事得多,还是请多给宝宝机会,让他多多练习独立行走吧!

熟悉感和好吃的

适用年龄：12个月

实验复杂度：中等

研究领域：社会性发展

 趣味实验怎么做

请两位朋友来帮忙完成这个实验，其中一个朋友需要能说一门外语。准备两种味甜的事物，例如苹果酱和杏泥，分别放在两个碗里。请说母语的那位朋友端着其中一个碗，微笑着对宝宝说："这是我最喜欢的一个好吃的。"随后，这位朋友可以舀一勺碗里的食物吃掉，并说"太好吃啦"。接下来，用宝宝的小勺也舀一勺这种食物，递到宝宝面前让他吃。让第二位朋友也重复上面的步骤，唯一的不同是，这位朋友会用宝宝不熟悉的外语来讲那几句话。随后，同样用宝宝的小勺舀一勺第二种食物，递到宝

宝面前让他吃。最后，请两位朋友同时站在宝宝面前，将手里的碗递给宝宝。

 **实验假设是什么**

在最后一步中，宝宝会选择说母语的那位朋友递上的食物。

 **科学研究怎么说**

宝宝们对于"什么能放进嘴里"这件事实在是没什么底线：他们可能会觉得，能塞进嘴里的东西全都可以试一下。乍一想，经过自然选择过程，人类婴儿居然没有存留下一种更有选择性的进食方式，这可有点奇怪——毕竟，如果一个婴儿吃下了什么

有毒的东西,那么他能存活到繁殖后代年龄的可能性就大大降低了。但仔细想想,在生命的头几年,宝宝几乎是完全依赖他人喂养的,他们自己似乎也不需要分辨食物的能力,因为抚养者会为他们挑选食物。实际上,这对宝爸宝妈来说可能是件好事,因为在12个月大时,宝宝会对蔬菜来者不拒,可再过一年,他们可能就会开始对这些蔬菜说"不"了。

在2009年的一项研究中,一组12个月大、母语为英语的宝宝参与了一个测试。在测试中,两个女性成年人分别向宝宝展示了自己手中的食物。其中一名成年人说的是英语(即宝宝的母语),另一名说的是法语。他们都在宝宝面前品尝了自己的食物,并且在品尝后显得十分开心。当两名成年人分别在展示后将食物递给宝宝时,大部分宝宝都愿意吃一些,无论展示时使用的是英语还是法语。但是,当两名成年人同时将食物递给宝宝时,有较多的宝宝(60%)选择了说英语的人手中的食物,而仅有25%的宝宝选择了说法语的人递来的食物。(在实验中,科学家控制了具体的"演员"与语言之间的搭配、"演员"与食物之间的搭配以及不同语言展示的顺序等条件。)

在这个年龄段,宝宝一般还没有发展出对特定食物的偏好,或是刚刚有很微弱的口味偏好,而熟悉的语言所传递的信息似乎能更强势地影响他们的选择。这项研究表明,宝宝可以在早期通过观察社交互动中的"线索"形成对食物的偏好;从1岁前对食物毫无偏好,到之后根据食物本身的味道建立起自主偏好,这种"社会性"的偏好可以说是一种过渡状态。

 宝爸宝妈小课堂

　　宝爸宝妈们，珍惜这段时光吧！在1岁左右，只要微妙的"社交线索"就能说服宝宝吃下盘子里的蔬菜。而用不了几年，恐怕你就算使尽各种手段也无法说服他了。所以，在这个阶段，你可以尽量让宝宝尝试各种各样的食物，越丰富越好。至于宝宝对讲母语者的格外信任，只是语言发展中很自然的一部分，并不代表他对外国人或外语有恐惧。实际上，由于年龄小的婴幼儿比成年人更容易学会一门新语言，你不妨让宝宝多接触外语——毕竟，社会对于多语言工作者的需求可是日益增长的。

41 拿回来再玩

适用年龄：11—13 个月
实验复杂度：简单
研究领域：动作技能发展

 **趣味实验怎么做**

在宝宝 11 个月大左右，或是当你觉得他能很自如地爬来爬去，但还不会走时，尝试这个实验。当某天你有很长一段时间可以不受打扰地陪宝宝玩时（至少 1 小时），请观察宝宝在玩耍的过程中是如何与周围的物品互动的。如果宝宝爬向屋子另一端的一个物品，看看他在将物品拿到手后，是会待在原地玩（或是在原地伸手让你过去和他一起玩），还是会先抓着物品爬回你身边，再开始玩或和你分享。

 **实验假设是什么**

在11个月大左右时，宝宝取回物品——爬向一个远处的物品，然后抓着物品爬回来——的次数越多，以及他将物品拿给你一起玩的频率越高，到了13个月大时，宝宝会走的可能性就越大。

 **科学研究怎么说**

在2011年的一项研究中，科学家们观察了一组11个月大的宝宝，这些宝宝都能够很自如地爬行，但都还不会走。实验员来到宝宝家中，在宝宝和妈妈自由玩耍的时候进行观察。2个月之后，他们再次来到宝宝家中进行观察，在这时，有大约一半的宝宝开始会走了。这项研究发现，那些在13个月时会走的宝宝，在11个月时的自由玩耍中，会更多地爬向一个远处的物品，然后拿着物品爬回来，递给妈妈一起玩。具体来说，在11个月大时，这些之后更早开始走路的宝宝爬向远处物品的频率是其他宝宝的2倍；他们拿着物品爬回来的频率几乎是其他宝宝的5倍。虽然从总体来看，只有一小部分宝宝（15%）表现出了取回物品的行为，但几乎所有在11个月大时出现了这种行为的宝宝都在2个月后会走了。

完成实验的科学家们还表示,一旦宝宝开始走路,他们走去取回远处物品的频率也会骤增——这倒也合乎常理,因为宝宝一旦会走,就可以更快地到达某个目的地,双手也可以用来抓东西,而不是像爬行时一样用来支撑身体。他们认为,在11个月大时,宝宝对"取回物品"这件事的热情可能会促使他们较早尝试走路。

宝爸宝妈小课堂

宝爸宝妈们可能会希望自己的宝宝很早就学会走路。或者——尤其是当这个宝宝不是家里的第一个孩子时——宝爸宝妈们也可能会有点害怕他会走路的那一天的到来,因为那意味着宝宝开始能够从父母身边迅速"逃离"了。无论你怎么想,当你看到宝宝像金毛寻回犬似的爬来爬去,将远处的东西拿回来给你时,赶紧准备好摄像机——宝宝可能很快就会迈出他人生的第一步了!

科学家的工具箱

当科学家们需要检验宝宝对某张图片、某个声音或是其他刺激的反应时,一种"高科技"的手段是通过在宝宝的头皮上连接小电极,来测量他们大脑中的电活动——这种测量方法叫作脑电（electroencephalography，简称 EEG）。

例如，在最近的一项研究中，科学家向7个月大的宝宝展示了一位女性的面部照片，同时播放她的声音，并在这一过程中测量宝宝的脑电活动。

通过对这些脑电数据的分析，科学家们发现，当照片和声音中所传达的情绪一致时（例如，一张微笑的面孔配上欢欣鼓舞的声音），宝宝出现了一种脑电波；而当它们所传达的情绪不一致时（例如，一张微笑的面孔配上气愤的声音），宝宝则出现了另外一种脑电波。

42 你不知道吧？我知道！

适用年龄：13—15 个月
实验复杂度：中等
研究领域：认知发展

 **趣味实验怎么做**

准备两个大小相同的盒子，放在宝宝面前的桌面上，并让两个盒子开口的一侧朝向对方，然后将一个小玩具放在两个盒子中间。请一位朋友来帮你完成实验：让她走到玩具前，拿起玩具玩一下，然后把玩具放进其中一个盒子里——在拿着玩具放进盒子时，让朋友将手在盒子中停留 1～2 秒，然后再将空着的手撤出来。接下来，让这位朋友从桌前走开，再走回来，将手伸进装有玩具的盒子中，停留几秒，但不要拿起玩具。几秒后，依旧将空着的手撤出来。随后，让这位朋友离开房间。

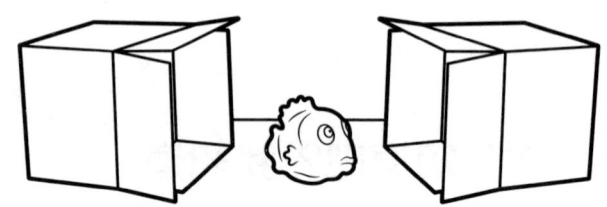

当朋友不在房间中时，请当着宝宝的面，将玩具从原本的盒子中移到另一个盒子中。接下来，刚才的那位朋友会回到房间中，在没有查看盒子内部的情况下，将手伸进最开始装有玩具的盒子中，并在里面停留几秒。观察宝宝对朋友的行为有什么反应。过几天后，再次重复这个实验，但这一次，当朋友回到屋子里时，将手伸进另外一个盒子里，即玩具被移动之后所在的盒子。同样观察宝宝的反应。

 **实验假设是什么**

当你第二次进行实验时，宝宝会显得很惊讶，因为他觉得，不在场的人应该不知道玩具被移动过，而这位朋友却将手伸进了玩具被移动后所在的盒子里。由于这种惊讶，宝宝盯着朋友动作看的时间会比在第一次实验中——朋友将手伸进他最初放进玩具的盒子时——更长。

 **实验还可以这样做**

如果条件允许，你也可以和两个年龄相近的宝宝分别尝试实验的两种情境（朋友将手伸进最初放进玩具的盒子，或朋友将手伸进玩具被移动后所在的盒子）。与相隔几天在同一个宝宝身上进行实验相比，这种操作能够防止宝宝熟悉实验程序，从而使实验结果更加准确。

 **科学研究怎么说**

在2005年的一项研究中，科学家在一组15个月大的宝宝面前，展示了与前文描述大致相同的场景。比起看到"预期中的场景"时（实验员进屋后将手伸进玩具最初所在的盒子里），宝宝在看到实验员将手伸进玩具被移动后所在的盒子时，盯着实验员动作看的时间明显更长——平均长了10秒左右。在2007年，一项采用了类似实验设计的研究也发现，13个月大的宝宝看到在一个场景中有一名卡通角色选择在某个位置寻找一件物品，而此角色实际上应该不知道这个信息时，就表现出了惊讶的反应。

宝宝是否能理解他人的信念状态——也就是说，他们是否能意识到他人所具有的、与事实相符或不相符的信念——在心理学领域一直是个争论的焦点。在此前的一系列研究中，宝宝在

3～4岁之前似乎意识不到他人的错误信念。但是在2005年的这项实验中,科学家特意去掉了一些可能影响宝宝理解情境的"障碍"。在他们所设计的情境中,所有步骤都是通过非语言的方式呈现的,并且相对简单、易于理解。

完成这项实验的科学家认为,虽然宝宝亲眼看到另一个人将玩具移到了第二个盒子里,但他们依然能意识到,刚刚回到屋子里的成年人并不知道这件事,而应该认为玩具还在第一个盒子里。因此,他们觉得对方仍会去第一个盒子里找玩具,而当成年人反而去检查另一个盒子时,宝宝就觉得这一行为违背了预期。

这项研究表明,宝宝在很小的时候就开始理解他人的信念状态了,且这一年龄比以前的实验所发现的年龄要早。科学家们表示,这项结果可能会促进两个心理学研究领域的发展。首先,前人的实验发现,自闭症患儿似乎难以理解他人的错误信念,因此,当前的研究结果或许能促进我们对儿童发育异常的理解。其次是动物认知领域,因为科学家们也可以通过全程无语言的实验设计(全部实验步骤用动作来演示),来研究动物是否能理解人的信念状态。

 **宝爸宝妈小课堂**

虽然这种能力还处于基础状态,但你家的小家伙确实是个"读心者"。宝宝能够区分"我自己知道"的事情和"我觉得你知

道"的事情，并且会根据这些信息期望对方表现出相应的行为。意识到"别人知道哪些事情"的能力是成长过程中的一项重要技能，因为这样一来，我们才能理解他人的各种行为。例如，在读童话故事时，我们知道大灰狼伪装成了外婆，但如果我们也能意识到小红帽并不知道这件事，我们就能理解为什么她还会走进外婆的房子，还和伪装成外婆的大灰狼交谈了。我们或许很难帮助宝宝更快地获取这种能力，但是通过上面描述的这类实验，我们可以知道宝宝是否已经具备了这种能力。一旦你发现宝宝已经能够理解他人知道哪些事情了，不妨再设计几个类似的小实验，来测试宝宝到底明白了多少。而且，你可能会很惊讶地发现，宝宝能理解的事物比你想象的多很多哦。

43 头能代替手吗？

适用年龄：13—15 个月
实验复杂度：中等
研究领域：动作技能发展

 **趣味实验怎么做**

在实验前，你需要准备一件能够用前额触碰"激活"的物品，例如一个圆顶形的触碰灯，或是一个一碰就会发出声音或闪光的玩具。你可以和宝宝分别坐在桌子的两边，并将这件玩具放在你面前。接下来，请你举起双手，叫几声宝宝的名字以引起他的注意，随后保持手举在空中的状态，低下头用额头碰一碰玩具，"激活"它，使之发出声响或闪光。将上述步骤重复几次，然后问宝宝想不想尝试一下。接着，将玩具放到宝宝面前，确保如果他低下头，也能用额头够到玩具。观察宝宝是否会模仿你的行为。

过几天后,再次重复这个实验。但这次,不再举起双手,而是将双手放在桌子上。这样一来,你就在向宝宝展示,只要你想,你是可以用手来碰玩具的,只不过你就是专门用额头去碰。

 **实验假设是什么**

在第一次实验中,宝宝不大可能也用额头碰玩具。即使他真的尝试用额头去碰,也不大可能像你一样同时将双手举在空中。而在第二次实验中,宝宝更有可能完全模仿你的动作,也就是将双手放在桌上,并用额头去碰玩具。

 **科学研究怎么说**

在2011年的一项研究中,科学家将一些14个月大的宝宝们分成了几组,并让每一组都观看了"用额头激活玩具"的演示,只不过每组所看到的"激活方式"都有所不同。例如,在其中一组的演示中,实验员的两手可以自由活动;在另外一组的演示中,实验员将双手保持举在空中的状态;还有一组的宝宝看不到实验员的手,很可能会认为对方的双手都被占用了;在最后一组中,实验员双手都拿着小球,似乎没办法腾出手去做其他事情。这项研究发现,在演示者能自由活动双手的那一组中,宝宝模仿"用额头激活玩具"的动作频率大约是其他组的2倍。

在这项研究的9年前,也有一项类似的研究发现了同样的结果。完成那项研究的科学家认为,从理论上来讲,当宝宝看到演示者可以自由使用双手,却仍然用额头去碰触玩具时,就会认为"使用额头"的行为一定有特别的理由。因此,这些宝宝也就更愿意模仿相同的行为,以激活玩具。相对而言,当宝宝看到演示者的双手被其他事物"占据"时,可能会假设,由于对方无法使用双手,不得已才用额头去碰玩具。因此,他们得出的结论是:宝宝在模仿某个行为时,会考虑到行为背后的逻辑。

但是在2011年的这项研究中,科学家提出了另一种可能的解释:宝宝现有的动作技能,而非对行为背后逻辑的理解,是影响模仿行为的更主要的因素。他们的研究结果也支持了这种解释。在"双手可自由活动"和"双手举在空中"情境中，演示者似乎都是可以用手碰玩具的。但是，在"双手可自由活动"情境中，演示者的动作更接近宝宝现有的动作技能[1]。实际上，这些科学家表示，在"双手高举在空中"情境中，即使是那些用额头碰玩具的宝宝，也没有模仿同时举着手的动作。因此，他们认为，宝宝对某个动作的熟悉程度——他们称之为"动作共振"——对于模仿行为的影响可能大过理解行为背后逻辑的影响。

 宝爸宝妈小课堂

在我们刚刚讲述的这个例子中，科学家们对宝宝的行为提出了两种不同的但都有可能的解释，而只有一种是真正的解释[2]。在日常与宝宝的互动中，你可能会遇到很多类似的情况——宝宝的某种行为可能存在多种相互"竞争"的解释。例如，一位妈妈可能觉得，宝宝睡不好的原因是他觉得不够舒服，而另一位妈妈可能会觉得他不累。或者，当你看到宝宝从地上捡到了线头，然后

---

[1] 即比起高举双手同时低头碰玩具，在双手自由的情况下用额头碰玩具对宝宝来说更容易实现。——译者注

[2] 原作者的这种说法并不完全准确，在心理学研究中，不总是仅有一个"真理"，许多行为都可能是多种原因作用甚至相互作用的结果。因此，只要两种解释在逻辑上不相互矛盾，我们很难说只有一种解释是真的。——译者注

放进嘴里时，可能也不确定宝宝是饿了，还是有点洁癖，实在看不得地板上有任何东西。有的时候，我们可能永远也没法知道答案。而其他时候，只要换个角度，或许就能看到真正的原因。所以，当宝宝的某个行为让你感到迷惑时，不妨问问其他人的看法——儿科医生、你的朋友们，甚至是你家里的其他小朋友——或许他们都能提供一些很有趣的解释。

你说的……是哪个？

适用年龄：13—18 个月
实验复杂度：中等
研究领域：认知与社会性发展

 **趣味实验怎么做**

　　实验前，请准备三个小玩具或物品，确保它们对于宝宝来说是安全的，可以让他随意拿起来把玩。在选择物品时，尽量找宝宝不熟悉它们名字的物品，例如，计步器、三脚锅垫或是其他名字不常见的小摆设。让宝宝坐在椅子上，在他面前的桌面上的左右两侧各放一个小物品，确保物品离宝宝有一定距离，让他无法够到。紧接着，请一个朋友来帮忙完成实验，让朋友坐在宝宝对面，物品就放在两人中间。这时，让朋友盯着桌子中间的位置看，这样一来，他的目光就没有锁定在任何一个物品上，然后，

朋友会说："看那个 toma[1]！那儿有个 toma，你看到那个 toma 了吗？"接下来，让朋友继续盯着桌子中间看 10 秒左右，你则负责观察宝宝。请尤其注意在这段时间内，宝宝瞥了对面的朋友几次，以及每次看了多长时间。

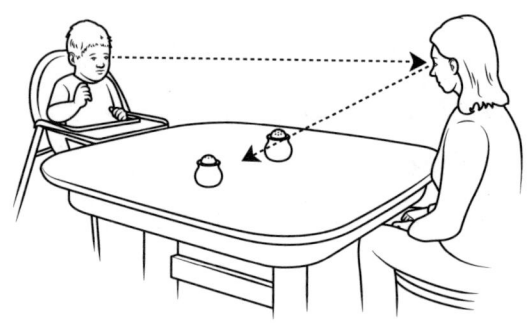

过一段时间，再次重复上述步骤，但这一次，只将上次没有用到的第三种物品放在桌上。你可以将它任意放在左侧或右侧，让另一边的位置空着。接下来，请你的朋友重复之前的步骤，仍然盯着桌子的中间位置，而非那个物品。不过这次，让朋友不再说"toma"，而是说"modi"[2]。同样的，请注意宝宝在这段时间内瞥了对面的朋友几次。

---

[1] toma 为原文使用的发音，你可以随意选择一个没有任何意义的音节。——译者注

[2] 在这里，你可以随意选择一个无意义音节，只要与第一次实验中使用的音节明显不同即可。——译者注

 **实验假设是什么**

当桌面上有两个物品时（第一次实验），宝宝瞥向朋友的次数会比桌上只有一个物体时更多。

 **科学研究怎么说**

在2011年的一项研究中，科学家观察了13个月和18个月大的宝宝。每个年龄组中，都有一半的宝宝参与了"两个物品"情境，另外一半则参与了"一个物品"情境。科学家们想要搞清楚，当面前有两个物品时，宝宝会如何尝试解决这种模棱两可的情境：对面的成年人所说的到底是哪个物品呢？这项研究发现，当宝宝面对两个物品的"迷局"时，更经常看向对面的人，似乎在寻求澄清；而当面前只有一个物品时，宝宝似乎会直接将成年人所说的"名字"与这个物品联系起来，因此也就不太需要看向对方寻求澄清。科学家们假设，宝宝可能是想观察对面的人在看哪个物品，从而利用这个信息，搞清楚那个音节代表的是哪个物品。

完成实验的科学家们指出，这项结果的有趣之处在于，在"两个物品"情境中，宝宝能够理解这是一个模棱两可的"迷局"，并且知道自己需要寻找更多线索才能解开这个问题。而且，宝宝们还知道,他们可以通过观察对面的人,来尝试获取更多信息。这项发现可能对于研究语言习得的科学家们有所启示——宝宝在13个月大时,就可以根据社交性线索(例如,他人将视线锁定在哪个物品上)来解开身边的"迷局",从而学习不熟悉的词汇。

 宝爸宝妈小课堂

在这个年龄段,宝爸宝妈们就是宝宝的"谷歌搜索引擎"。读完这个小实验,宝爸宝妈们应该了解到,当宝宝需要更多信息时,他会积极地看向你来寻找线索。因此,你也可以时刻留意他们的这种行为,并且随时给宝宝回应。例如,你跟宝宝说,"去把那个球拿回来吧",或者"可以把那个玩具捡起来吗?"紧接着看到宝宝用犹疑的目光看着你时,你可能就需要用目光或手指示意宝宝,你所指的是哪个物品了。

45 神奇的小睡时间

适用年龄：15 个月
实验复杂度：较复杂
研究领域：语言发展

 **趣味实验怎么做**

请选在宝宝平时固定的小睡时间前进行实验的第一部分。在这一部分，你的目标是让宝宝熟悉一种语言模式，这种模式由两个无意义音节夹着一个有意义词汇组成。你可以使用"pel"和"rud"分别作为头、尾的两个无意义音节[1]。例如，你可以使用如下的一系列符合这种模式的"短语"：

---

[1] "pel"和"rud"为原文中所使用的音节，你也可以自己选择两个无意义音节代替它们。——译者注

"pel—梯子—rud；pel—咖啡—rud；pel—长颈鹿—rud；pel—苏打—rud；pel—椅子—rud……"

准备大约 30 个这样的"短语",对着宝宝念一遍。然后让宝宝像平时一样小睡一会儿。等宝宝醒来后,进行实验的下一部分:让宝宝将注意力放在你身上,然后计时,并开始念下面几组测试短语中的一组(注意,每次只选一组来念),当宝宝不再看你时,停止计时。

熟悉短语测试组

在这一组中,请使用与熟悉阶段相同的两个无意义音节(例如,pel 和 rud)。你可以使用下面给出的例子,也可以遵循"pel－词语－rud"的规则自己来编:

"pel—泡菜—rud；pel—卡车—rud；pel—北京—rud；pel—开心—rud；pel—冰雹—rud；pel—后面—rud。"

不熟悉短语测试组

在这一组中,请使用与熟悉阶段不同的无意义音节组合。例如，在一部分短语中，你可以使用"jic"和"rud"的组合，而在另外一部分短语中，可以使用"pel"和"vot"的组合。你可以使用下面给出的例子，也可以自己来编：

"jic—随机—rud；pel—折叠—vot；jic—糖果—rud；pel—女生—vot；jic—湖水—rud；pel—进入—vot。"

请交替使用熟悉和不熟悉的短语测试组，重复多次计时，并记录宝宝在每次中的注视时间。

 实验假设是什么

当你仔细查看宝宝的注视时间——从他的注意力放在你身上，你开始念测试短语开始计时，到宝宝不再看着你时结束——你可能会发现，宝宝在熟悉与非熟悉测试情境下的注视时间相差无几。即使有明显的差异，也很可能是先出现的那个情境中的注视时间更长一点。

 科学研究怎么说

在2006年的一项研究中，科学家探究了小睡是否会增强宝

宝对语言中固定模式的理解。在实验中的熟悉阶段，宝宝听到了一组由无意义音节组成的短语，它们都具有相同的结构模式：短语的开头都是由两个无意义音节中的一个组成的（例如"pel"），而每个开头的无意义音节都配有一个相应的无意义音节，作为短语的结尾（例如"rud"）。

熟悉阶段结束4小时左右，宝宝们参与了正式的测试。对其中一半的宝宝，科学家们将这间隔的4小时安排在了他们平时小睡的时间，并让他们像平常一样睡了一阵；而对另一半宝宝，这4小时避开了他们平时习惯的小睡时间。

在4小时的间隔内小睡过的宝宝在后续的熟悉、不熟悉短语测试中并未表现出注视时间的差异。而那些没有小睡的宝宝则展现出了对熟悉短语模式的偏好[1]。

进行实验的科学家提出了这样的理论：小睡了一会儿的宝宝们能够将无意义音节短语的模式"泛化"，因此对于熟悉或不熟悉的短语反应没什么差别。也就是说，对于那些小睡过的宝宝，无论是熟悉或不熟悉的短语，都具有相似的模式：一个"词根"（即有意义的词语），前后各有一个互相匹配的无意义音节。因此，在他们看来，那些使用了不同的无意义音节的短语也并非"不熟悉"，因为他们认为两组短语使用的模式是一致的。

而对于那些没有小睡的宝宝，在4小时后，他们仍然记得在

---

[1] 即在听到熟悉短语组时的注视时间更长。——译者注

熟悉阶段听到的两个无意义音节——这个记忆力可以说十分了得——但他们似乎没能理解这种模式是可以"泛化"的。因此，即使模式相似，不熟悉的短语（即使用了不同无意义音节的短语）对他们来说也是陌生的，因此他们便展现出了对以前听过的短语的偏好。

 宝爸宝妈小课堂

　　身处美国大学派对文化中的大学生们大多都有这样一个梦想：找到一种方法，让自己既能获得足够的睡眠，又能完成学习任务。原来，小宝宝们是能做到这一点的。虽然我们还不清楚睡眠是如何促进了宝宝对语言模式的"泛化"理解的，但小睡一会儿似乎的确带来了某些不同。幸运的是，这样的规律满足了所有人的利益：相信没有哪个宝爸宝妈不希望自己的宝宝饱饱地睡一觉，更何况，这神奇的小睡时间不仅让宝宝在醒来后精神头更足，还能帮助宝宝学习语言。此外，小睡一会儿或许还能促进小睡后的学习过程。2011年的一项研究发现，成年人在一阵小睡后，记忆能力会更强。如果我们能在婴儿中也发现类似的规律，那么宝宝小睡刚醒来的那段时间，就是帮助宝宝学习新词汇，或是进行一些内容丰富的玩耍（例如，唱歌、读书）的绝佳时间了。

46 相同还是相似?

适用年龄:14—20 个月
实验复杂度:中等
研究领域:语言发展

 **趣味实验怎么做**

准备两个外观差别明显的小玩具,交替地拿给宝宝看。当你将第一个玩具拿给宝宝看时,用拉长的、降调的发音方式,强调这个玩具叫作"bih"。接下来,把第二个玩具拿给宝宝看,用同样的发音方式强调这个玩具叫作"dih"。重复这种交替的展示 10~20 次,直到宝宝对此失去兴趣为止。然后,让宝宝休息一小会儿,再将第一个玩具拿给他看,并告诉他,这个玩具是"dih"。

 **实验假设是什么**

在20个月大时,当宝宝在休息一阵后再次看到第一个玩具并听到你说这是"dih"时,他看着玩具的时间会比他第一次看到这个玩具时还长。而这种现象在14个月大时不大可能出现。

 **科学研究怎么说**

在2002年的一项研究中,科学家试图探究,当两个发音相似但不相同的词语分别被用来称呼不同的物品时,多大年龄的宝宝才可以分辨其中的差异。首先,他们让20个月大的宝宝们熟悉了两个无意义的词语"bih"和"dih"和它们分别对应的两件玩具。随后,一半的宝宝再次看到了其中一件玩具,并听到实验员用与熟悉阶段相同的无意义词语指代这件玩具。而对于另外一半宝宝,他们同样看到了这个玩具,但是听到实验员用原本与另一个玩具对应的词语来称呼它。他们发现,比起熟悉的"玩具—无意义词语"搭配,"不匹配"情境中的宝宝盯着玩具看的时间更长。这表示,宝宝能够区分两个无意义词语,并且在听到与熟悉阶段不一致的"玩具—无意义词语"搭配时,感到十分惊讶。随后,这些科学家还在14个月和17个月大的宝宝身上重复了这个实验。根据注视时间来看,14个月大的宝宝似乎无法区分两

个词语的不同,而17个月大的宝宝则觉察出了差异。

　　研究语言习得的科学家已经观察到,在18个月左右时,宝宝会在习得新词汇方面有非常大的进步,表现出一种"词汇爆炸"。在这个时期,宝宝会迅速掌握大量词语,以至宝爸宝妈都难以准确地记录宝宝能理解哪些词语了。此外,研究还显示,虽然宝宝在8个月大时就已经能区分两个相似的音节了,但是在两个相似词语分别与特定物品对应的情况下,他们需要更久才能察觉不一致的对应。为了搞清楚宝宝在多大时才能区分这种不一致,科学家们选择了三个年龄段的宝宝——开始词汇爆炸前的几个月、正在经历词汇爆炸、经历过词汇爆炸的几个月后的宝宝——进行测试。如上文提到的,14个月大的宝宝还不能在"玩具—无意义词语"对应的情境中区分相似的词语,而再大一些的宝宝能做到这一点了。这也说明,一旦宝宝开始快速习得词汇,他们很快就能够区分发音相似的词语了。

　　科学家们还发现,在每个年龄段中,词汇量大于平均水平的宝宝区分相似发音的能力也更强。他们认为,在早期语言学习者中,词汇量与词语分辨能力的相关可能有两种原因。其中一种理论是,随着词汇量的增加,宝宝"词汇库"里发音相似的词语越来越多,因此,宝宝不得不更仔细地区分发音中的细微区别。另外一种理论则认为,较大的词汇量代表宝宝在语言习得方面更为成熟,因此,加工新词语的过程对他们而言也就稍微轻松一些。因此,这些宝宝可以将更多的注意力用在区分发音中的细微差别上。相比之下,这些科学家更偏爱第二种理论。他们还指出,更早期的研究发现,在完成需要大量注意力和脑力的任务时,宝宝也就不太能注意其他微小的细节了,而第二种理论和这种现象是一致的。

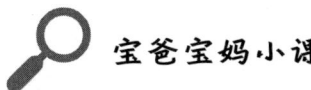
宝爸宝妈小课堂

　　从表面上看,宝宝的生活似乎是无忧无虑的——衣来伸手,饭来张口,连洗澡和娱乐都有大人帮忙搞定,不过,可千万别误会了宝宝:他的大脑一直在很努力地运转,而在没有系统性教学的情况下学会一门语言真的不容易。尤其是在词汇习得的头几个月里,加工陌生词语的任务占据了大量认知资源,因此可能让宝宝无暇顾及对发音中的细微差别的区分。但这个阶段很快就会过去,用不了多久,宝宝就会能够轻易地区分不同的发音了。不仅如此,听到各种各样的发音还会让他感到十分愉快。(难怪大部分宝宝都会喜欢苏斯博士的童谣。)在这里也要提醒宝爸宝妈们:让宝宝的大脑自然地发展,可不要拔苗助长哦。

47 模棱两可的"一个"

适用年龄：16—18个月

实验复杂度：中等

研究领域：语言发展

 **趣味实验怎么做**

当你的宝宝开始使用两个词汇组成的短语，而不是只能说单个词语时，就可以尝试这个实验了。在语言发展的这个阶段，宝宝已经了解，多个词语可以按照一定语法规则连在一起使用。

在实验前，准备两个形态大致相同，但颜色不同的物品，例如，两个瓶子、两个摇铃或是两个小球。首先，将其中一个物品拿给宝宝看，并以语言稍加强调。例如，你可以和宝宝说："看！这儿有个黄色小球。"重复一两遍这样的展示，然后将物品挪到视线所及的范围之外。接下来，用左右手各拿两个物品中的一个,同时向宝宝展示,并说:"现在再看看,你看见另外一个了吗?"与此同时,记录宝宝在看哪个物品,以及看了多长时间。

 **实验假设是什么**

宝宝会花更长时间盯着你最早展示过的那个物品看。

 **科学研究怎么说**

在这个实验中,我们的假设非常简单且显而易见,但所描述的现象对语言发展研究产生了有趣而广泛的影响。

首先,让我们来了解一点背景知识:在20世纪五六十年代,在后世大名鼎鼎的语言学家诺姆·乔姆斯基(Noam Chomsky)提出了一系列关于语言是如何构成的、我们如何理解语言以及语言习得的理论。他认为,有一些语言规则是早就在人类大脑中

"装备"好的；也就是说，这些规则并不仅仅是通过经验而被习得的。反对他理论的人则认为，儿童关于语言的一切知识都可以从他们所听到的他人的对话中习得。

在2003年的一项研究中，三位语言发展研究者设计了一个实验，来测试婴儿是否理解英语语法中的某种规则——他们认为，仅仅从环境中其他人的对话里，宝宝是不大可能学会这种规则的，因为在日常的对话中，对这种规则的应用并不经常出现。他们向宝宝展示了一件物品，并用一个"形容词—名词"结构的短语来形容它（例如，"黄色的小球"）。随后，他们同时将两件物品展示给宝宝看，这两件物品都符合之前所说的名词（"小球"），但仅有一个同时符合形容词的描述（"黄色"）。随后，他们问宝宝："你看见另外一个了吗？"

这几位研究者认为，如果宝宝认为"一个"指的仅仅是那个名词（"小球"），那么从注视时间上看，他们就不应该偏向任何一个物品，因为它们都符合名词的描述。但是，如果宝宝像一般的成年人一样，认为"一个"指的是那个"形容词—名词"模式的短语（"黄色的小球"），他们就会用更长时间看着完全符合短语描述的那个物品。实验结果显示，在注视时间上，宝宝的确对完全符合短语描述的物品有所偏好。

这项研究支持了乔姆斯基的理论，即某些与语言相关的规则可能是与生俱来的知识，而非完全是后天习得的。这对于乔姆斯基理论的支持者来说可以说是个天大的好消息。

 **宝爸宝妈小课堂**

　　乔姆斯基并不是第一个提出人类从出生起就具有某些知识的人。柏拉图、笛卡尔、莱布尼兹等伟大的哲学家都曾提出过类似的想法。(不过,有另外一位伟大的哲学家——约翰·洛克——明确反对这类看法;他认为,人在刚出生时,思想就是一块白板。)无论如何,乔姆斯基的理论致使心理学界出现了一大批研究,试图探究特定的知识到底是与生俱来的,还是后天习得的。在过去的几十年内,研究发现,婴儿从诞生时起,可能不仅具有一些对于语言的概念,还具有一些基本的对数学和物理规则的理解。这些提前配置好的基本概念能够加强人类婴儿理解周围环境的能力。所以,在你平日与宝宝互动时,请尽情地让他多接触新的词汇、行为和情境。说不定,这些事物对他来说也并不是完全"陌生"的呢。

投桃报李

适用年龄：18—24 个月
实验复杂度：中等
研究领域：社会性与行为发展

 **趣味实验怎么做**

　　请两位朋友（成年人）来帮你完成这个实验。请其中一位朋友先"登场"，将一个玩具展示给宝宝看，显出一副对玩具非常感兴趣的样子，然后把玩具朝宝宝的方向递过去——但是，让朋友在递玩具时"一不小心"将玩具掉下，并且掉在一个宝宝够不到的地方（例如，掉在一个障碍物后面）。接下来，请另外一位朋友走过来，同样向宝宝展示一个玩具，并显得对玩具很感兴趣。这位朋友也会把玩具朝宝宝的方向递过去，但立马又微笑着将手收回，说"还是算了"，然后将玩具收起来。最后，将一个新玩具

放在宝宝面前，然后请两位朋友同时过来，向宝宝伸出手，希望宝宝将玩具递给自己。

 **实验假设是什么**

宝宝会更愿意将新玩具递给那个之前想要给自己玩具，却没能做到的朋友（即将玩具"不小心"掉了的朋友），而不是那个明明能将玩具给宝宝，却决定不给的朋友。

 **科学研究怎么说**

在2010年的一项研究中，有24名大约21个月大的小朋友参与了一个实验。在实验中，小朋友们坐在一张桌子后，而他们的家长则坐在他们背后。两名雇来的女演员站在桌子的另一边，并分别递给小朋友一个玩具——只不过其中一个人递到半路又收了回来，而另一个则假装不小心将玩具掉了，并且再也找不到了。接下来，小朋友拿到了一个新玩具，而两位演员都伸出手想要这个玩具。结果，2/3的小朋友将新玩具给了那个"不小心"掉了玩具的人，余下的8位小朋友则拒绝将玩具交给任何一个人。没有一个小朋友将玩具交给那个递了一半又撤回的人。

这项实验表明，即使是年纪很小、才刚开始出现互助行为的小朋友，也会在帮助别人时有所选择；而他们在选择帮谁时，似乎遵循了"投桃报李"的原则，即帮助那些以前帮过自己的人。而且，即使他人的帮助行为最后没有成功（两个人都没能把玩具成功递给小朋友），小朋友们也会考虑对方是否有帮助的意图。

同样的，另外一项相关的研究也显示，在小朋友心目中，试图帮助他人的行为即使不成功，也和成功的帮助行为有着相同的分量。在这个实验中，一位"演员"尝试将一个玩具递给小朋友，但没有成功，而另一位则成功地递上了玩具。随后，小朋友拿到一个玩具，而两个人都伸手想要。根据研究者的记录，在21名小朋友中，有16名将玩具给了出去，并且一半给了成功递上玩具的人，另一半给了尝试递玩具但没有成功的人。这表明，宝宝在审视他人的帮助行为时，会更看重意图，而非结果。

 宝爸宝妈小课堂

即使在宝宝很小的时候，他们也不会毫无偏颇地帮助任何人。宝宝的决定或许算不上思虑周全（即宝宝不会评估对方在未来帮助自己的可能性，并据此决定现在是否帮助对方），但绝对是有一定意图的：与没有帮助过自己的人相比，宝宝更倾向于帮助曾经帮过自己的人。这方面的社会性发展是宝宝区分"朋友"与"敌人"的方法之一。因此，如果家中有不止一个孩子，你可以多鼓励大一点的孩子向弟弟妹妹提供帮助，例如，帮他们捡一个够不到的玩具。通过这种方法，你可以帮助他们建立更强的情感纽带。

坏人应该受罚

适用年龄：19—23 个月
实验复杂度：较复杂
研究领域：情绪与社会性发展

 趣味实验怎么做

在实验前，准备三个互不相同的手偶，还需要准备一个小球和一小把麦片（也可以用燕麦圈，或其他类似的谷物零食）。

向宝宝介绍三个手偶，然后让宝宝给每个手偶都喂一点麦片。你可以操纵手偶，让它们做出吃麦片的动作，并且表现得非常喜欢麦片。接下来，告诉宝宝你要进行一场手偶表演，然后演出下面的场景：一个手偶在玩小球，但不小心将小球掉了。这时，另外一个手偶靠过来，捡起小球，还给第一个手偶，但是第一个手偶又把球掉了。随后，第三个手偶靠过来，捡起小球，带

着球跑掉了。

最后，让宝宝看那个助人为乐的手偶（即将球捡起后还给主人的手偶）和将球据为己有的手偶（即捡起球后带着球跑掉的手偶），告诉宝宝，剩下的麦片只够一个手偶吃了，问宝宝想将麦片喂给哪个手偶。

 **实验假设是什么**

宝宝很有可能会选择把麦片喂给助人为乐的手偶，而不是那个将小球据为己有的手偶。

 **科学研究怎么说**

在2011年的一项研究中，科学家在19～23个月大的宝宝面前表演了一场手偶戏，情节与上文描述的类似。随后，他们让宝宝们奖励一块食物给其中一个手偶。大多数宝宝都选择奖励那个助人为乐的手偶。此外，当实验员告诉宝宝们，接下来他们可以从一个手偶那里拿走它的食物时，大多数宝宝都选择拿走将小球据为己有的手偶的食物。

这项研究的结果表明，在1岁多时，宝宝就具有了一种对道德的直觉，并且这种直觉与成年人是一致的：宝宝会想要奖励做出了积极社会行为的手偶，而惩罚做出了消极社会行为的手偶。

宝爸宝妈小课堂

　　这项研究发现告诉我们，宝宝在2岁前就对"什么是错，什么是对"有了基本的认识。当然，宝宝有时候也可能做出一些行为，让人觉得他们根本不在意什么是对，什么是错；但至少当他们看到相关的情境时，是可以判断对错的。如果你想帮助宝宝更好地理解道德标准，不妨在生活中及时表扬他好的行为，并纠正他不好的行为。例如，如果宝宝和别的小朋友分享玩具，你可以表扬宝宝，并告诉他："分享是一种美德，因为这样一来，别的小朋友才会知道你很在意他们，他们也会非常开心。"相反，如果宝宝乱扔玩具，你也可以立刻批评他："乱扔玩具是不对的，这样可能会伤到别人，而且显得你非常不珍惜自己的东西。"

50 你难道不知道吗?

适用年龄：24 个月
实验复杂度：中等
研究领域：社会性与认知发展

 **趣味实验怎么做**

在实验前，准备三个外表互不相同的小物品，请尽量选择那些宝宝不熟悉、但对他来说很安全的东西（例如，一个空钱包、一个水瓶或是一个线团）。请一位朋友来帮忙完成实验，你可以和宝宝、朋友围坐在桌前（如图 A）。首先，拿出第一个物品，然后让朋友显得对这个物品非常感兴趣，例如，朋友可以说"哇，看这个！"以及"看起来真不错！"随后，给宝宝 30 秒的时间，让他随意玩这个物品。接下来，将第一个物品收起来，然后拿出第二个物品，同样让朋友表现出兴趣，然后再给宝宝 30 秒的时间

玩这个物品。现在，将第二个物品也收起来。

这时候，请朋友将自己的椅子转过去，背对桌子（如图B），确保他完全不能看到桌面上发生的事情。随后，拿出第三个物品，在这个过程中，这位朋友应当保持安静，并且完全没有转过身看那个物品。将第三个物品拿给宝宝玩30秒左右，然后将它收起来。停顿一下后，将三个物品都拿出来摆在桌上（如图C）。这时，朋友应当转过身来，但不直接看向桌面上的物品，并同时说"哇塞，看！我还没见过这个呢，你可以把这个给我吗？"观察宝宝会将哪个物品递给朋友。

A

B

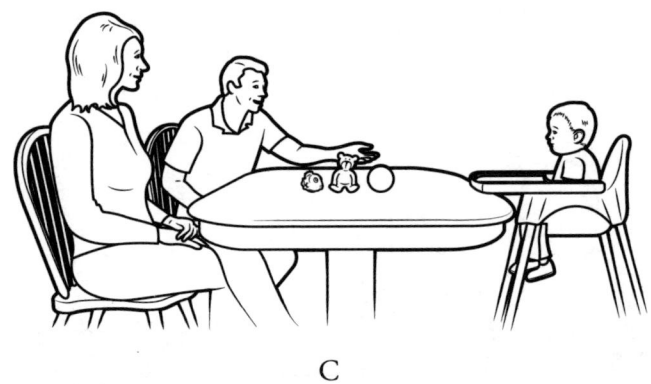

C

 **实验假设是什么**

在三件物品中，只有第三个是你的朋友没有看到过的。但是，宝宝很可能无法意识到这一点，也很难准确地选中第三个物品递给你的朋友。

 **科学研究怎么说**

在2010年的一项研究中,科学家给24个月大的宝宝依次看了三个物品。当展示前两个物品时,一位实验员就坐在旁边,并且表现得对物品十分感兴趣。在第三个物品被拿出来之前,一部分宝宝看到了实验员站起身离开了房间;另一些宝宝则目睹了一个屏障被放在桌子上,挡住了实验员的视线——不过,虽然第二个情境中的实验员没有看到玩具,他们还是表达了自己对玩具的兴趣。在实验员离开了房间的情境中,当实验员说"我还没见过这个呢"时,有将近2/3的宝宝正确地拿起了第三个物品,递给了实验员。相比之下,在实验员留在房间里的情境中(虽然他们被屏障阻挡了视线),只有不到1/3(比随机选择的概率还低)的宝宝将第三个物品拿给了实验员。

完成这项实验的科学家认为,当宝宝与另一个人处于社交互动中,并且这个人一直留在附近时,宝宝倾向于认为这个人与自己共享"知觉空间"。也就是说,宝宝会以为,如果自己感知到了某个事物,那么这个人也应该有同样的感知。

在这个实验中,与对方的社交互动似乎是宝宝形成"错觉"的一个关键因素,因为在一个更早的实验中,科学家们发现,12个月大的宝宝就能够认识到,坐在自己对面的人和自己所看到的东西并不一定相同。

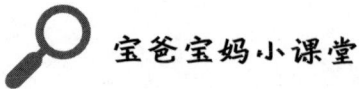 **宝爸宝妈小课堂**

当宝宝2岁时,他大概已经能够达成各种各样的"成就"了——他能够理解很多词汇,能够遵从简单的要求。当然,离他能够把自己搞得衣衫不整、在家里乱跑也不远了。但这项研究的结果告诉我们,宝宝还很容易陷入某些关于知觉的"错觉"中;尤其在他正和对方进行社交互动时,这种错觉更加容易出现。不过,从某些角度来看,你或许应该觉得很开心:你和宝宝之间的互动让他觉得十分有趣,以至宝宝会忽略、误解他平时能够正确理解的事物。过不了多久,不用特意训练,宝宝就会开始克服这种错觉。但在这个过程中,请记住,宝宝有时候还不能准确地判断"知觉空间",所以请在日常生活中多给他一些宽容吧。

安全小贴士

在婴儿发展的研究领域,有一些实验听起来非常酷,但可能不太适合宝爸宝妈们自己在家尝试。其中一个实验叫作"视崖",目的是测试宝宝的深度知觉。在这项实验中,科学家们采用了一种特殊的装置,主体是一个带有棋盘花纹的高台。在高台的中间,有一段用透明树脂玻璃做成的"桥",而桥下则是一道"深谷",底部绘有同样的棋盘状花纹。在实验中，宝宝被放在高台的一端，并被鼓励爬过透明的桥。自20世纪60年代以来，相关研究发现，刚刚会爬的宝宝会毫不迟疑地爬过桥；而那些有了一定爬行——以及摔跤——经验的宝宝则在桥前显得很犹豫，并倾向于拒绝从桥上爬过。这表明，有了爬行经验的宝宝能够感知垂直的深度，并且害怕自己会掉下去。当然，树脂玻璃会确保他们没有掉下去的危险，但宝宝可能很难注意到这一点，所以，他们会尽量远离那段透明的桥。

附录 A 实验游戏复杂度目录

简单

1. 这个气味真好闻

2. 宝宝的"蓝图"

3. 预备……警戒状态!

4. 快乐的脚丫

7. 一压即动——掌心小机关

8. 扭扭屁股?小菜一碟!

9. 这只小猪叫作巴宾斯基

13. 舌头小测试

16. 看!有蜘蛛!

21. 身体被拉长了!

24. 蓄势待发的手势

25. 该用几只手?

26. 魔镜魔镜

28. 积极的小手

29. 你想要的我也要

31. 显而易见的"骤变"

33. 谁来做我的观众?

34. 看着我的眼睛

37. 别动我的玩具!

41. 拿回来再玩

适中

5. 有图案,才好看

6. 脚丫先锋队

10. 难忘的微笑

11 原来是这只手

12. 抓握预备练习

14. 这不可能!

15. 音调的模式

18. 情绪写在脸上

19. 压力突袭

22. 与阿卡贝拉共鸣

23. 来自大自然的干扰

27. 抓住咖啡杯

30. 糟糕,爸爸/妈妈板起脸来了!

35. 外表还是内核?

36. 演示与推理

38. 读取线索

39. 徒步旅行

40. 熟悉感和好吃的

42. 你不知道吧? 我知道!

43. 头能代替手吗?

44. 你说的……是哪个?

46. 相同还是相似?

47. 模棱两可的"一个"

48. 投桃报李

50. 你难道不知道吗?

复杂

17. 巧辨年龄

20. "自动"感知力

32. 金发效应

45. 神奇的小睡时间

49. 坏人应该受罚

附录 B 研究领域目录

行为发展

48. 投桃报李

认知发展

2. 宝宝的"蓝图"

5. 有图案，才好看

14. 这不可能！

16. 看！有蜘蛛！

17. 巧辨年龄

21. 身体被拉长了！

26. 魔镜魔镜

27. 抓住咖啡杯

31. 显而易见的"骤变"

32. 金发效应

36. 演示与推理

42. 你不知道吧？我知道！

44. 你说的……是哪个？

50. 你难道不知道吗？

情绪发展

10. 难忘的微笑

18. 情绪写在脸上

19. 压力突袭

30. 糟糕，爸爸／妈妈板起脸来了！

38. 读取线索

49. 坏人应该受罚

语言发展

23. 来自大自然的干扰

24. 蓄势待发的手势

33. 谁来做我的观众？

35. 外表还是内核？

45. 神奇的小睡时间

46. 相同还是相似？

47. 模棱两可的"一个"

动作技能发展

6. 脚丫先锋队

11 原来是这只手

12. 抓握预备练习

13. 舌头小测试

24. 蓄势待发的手势

25. 该用几只手？

28. 积极的小手

39. 徒步旅行

41. 拿回来再玩

43. 头能代替手吗？

乐感发展

15. 音调的模式

22. 与阿卡贝拉共鸣

知觉发展

20 "自动"感知力

原始反射

3. 预备……警戒状态！

4. 快乐的脚丫

7. 一压即动——掌心小机关

8. 扭扭屁股？小菜一碟！

9. 这只小猪叫作巴宾斯基

感觉发展

1. 这个气味真好闻

社会性发展

13. 舌头小测试

29. 你想要的我也要

30. 糟糕，爸爸／妈妈板起脸来了！

33. 谁来做我的观众？

34. 看着我的眼睛

37. 别动我的玩具！

40. 熟悉感和好吃的

44. 你说的……是哪个？

48. 投桃报李

49. 坏人应该受罚

50. 你难道不知道吗？

参 考 文 献

1. 这个气味真好闻

Nishitani, Shota; Miyamura, Tsunetake; Tagawa, Masato; et al. The calming effect of a maternal breast milk odor on the human newborn infant. *Neuroscience Research*, 63(1):66–71, January 2009.

Rattaz, Cécile; Goubet, Nathalie; and Bullinger, André. The calming effect of a familiar odor on full-term newborns. *Journal of Developmental & Behavioral Pediatrics*, 26(2):86–92, April 2005.

2. 宝宝的"蓝图"

Macchi Cassia, Viola; Valenza, Eloisa; Simion, Francesca; and Leo, Irene. Congruency as a nonspecific perceptual property contributing to newborns' face preference. *Child Development*, 79(4):807–820, July/ August 2008.

Simion, Francesca; Valenza, Eloisa; Macchi Cassia, Viola; et al. Newborns' preference for up-down asymmetrical configurations. *Developmental Science*, 5(4):427–434, November 2002.

3. 预备……警戒状态！

Haywood, Kathleen and Getchell, Nancy. *Life Span Motor Development* (5th ed.). Champaign, IL: Human Kinetics, 2009.

Pieper, Albrecht. *Cerebral Function in Infancy and Childhood*. New York: Consultants Bureau, 1963.

4. 快乐的脚丫

Thelen, Esther; Fisher, Donna M.; and Ridley-Johnson, Robyn. The relationship between physical growth and a newborn reflex. *Infant Behavior and Development* 7(4):479–493, October–December 1984.

Thelen, Esther; Smith, Linda B.; Damon, William (ed.); and Lerner, Richard M. (ed.). Dynamic systems theories. *Handbook of Child Psychology* 1(5):563– 634. Hoboken, NJ: Wiley, 1998.

5. 有图案，才好看

Fantz, Robert L. Pattern vision in newborn infants. *Science* 140(3564):296–297, April 19, 1963.

6. 脚丫先锋队

Galloway, James C. and Thelen, Esther. Feet first: object exploration in young infants. *Infant Behavioral Development* 27(1):107–112, February 2004.

7. 一压即动——掌心小机关

Babkin, P. S. The establishment of reflex activity in early postnatal life. *The Central Nervous System and Behavior* (translated by the U. S. Department of Health, Education and Welfare). Washington, DC: Public Health Service, 1960.

Pedroso, Fleming S. and Rotta, Newra T. Babkin reflex and other motor responses to appendicular compression stimulus of the newborn. *Journal of Child Neurology* 19(8):592–596, August 2004.

8. 扭扭屁股？小菜一碟！

Berne, Samuel A. The primitive reflexes: considerations in the infant. *Optometry & Vision Development* 37(3):139, September 2006.

9. 这只小猪叫作巴宾斯基

Singerman, Jennifer and Lee, Liesly. Consistency of the Babinski reflex and its variants. *European Journal of Neurology* 15(9):960–964, September 2008.

10. 难忘的微笑

Turati, Chiara; Montirosso, Rosario; Brenna, Viola; et al. A Smile enhances 3-month-olds' recognition of an individual face. *International Society on Infant Studies* 16(3):306–317, May–June 2011.

11. 原来是这只手

Skinner, B. F. *The Behavior of Organisms: An Experimental Analysis*. New York:Appleton-Century-Crofts, 1938.

Watanabe, Hama and Taga, Gentaro. General to specific development of movement patterns and memory for contingency between actions and events in young infants. *Infant Behavior and Development* 29(3):402–422, September 2006.

12. 抓握预备练习

Bhat, Anjana N. and Galloway, James C. Toy-oriented changes during early arm movements: hand kinematics. *Infant Behavior & Development* 29(3): 358–372, July 2006.

13. 舌头小测试

Chen, Xin; Reid, Vincent M.; and Striano, Tricia. Oral exploration and reaching toward social and non-social objects in two-, four-, and six-month-old infants. *European Journal of Developmental Psychology* 3(1):1–12, 2006.

14. 这不可能!

Shuwairi, Sarah M.; Albert, Marc K.; and Johnson, Scott P. Discrimination of possible and impossible objects in infancy. *Psychological Science* 18(4):303–307, April 2007.

Shuwairi, Sarah M.; Tran, Annie; DeLoache, Judy S.; and Johnson, Scott P. Infants' responses to pictures of impossible objects. *Infancy* 15(6): 636–649, December 2010.

15. 音调的模式

Fox, Donna Brink. An analysis of the pitch characteristics of infant vocalizations. *Psychomusicology* 9(1):21–30, 1990.

Moog, Helmut. The development of musical experience in children of preschool age. *Psychology of Music* 4(2):38– 45, 1976.

16. 看！有蜘蛛！

Rakison, David H. and Derringer, Jaime. Do infants possess an evolved spider-detection mechanism? *Cognition* 107(1):381– 393, September 2007.

17. 巧辨年龄

Bahrick, Lorraine E.; Netto, Dianelys; and Hernandez-Reif, Maria. Intermodal perception of adult and child faces and voices by infants. *Child Development* 69(5):1263–1275, October 1998.

Greenberg, David J.; Hillman, Donald; and Grice, Dean. Infant and stranger variables related to stranger anxiety in the first year of life. *Developmental Psychology* 9(2):207–212, September 1973.

Walker-Andrews, Arlene S.; Bahrick, L. E.; Raglioni, S. S.; and Diaz, I. Infants' bimodal perception of gender. *Ecological Psychology* 3(2):55–75, 1991.

18. 情绪写在脸上

Bennett, David S.; Bendersky, Margaret; and Lewis, Michael. Does the organization of emotional expression change over time? Facial expressivity from 4 to 12 months. *Infancy* 8(2):167–187, September 2005.

19. 压力突袭

Crockenberg, Susan C. and Leerkes, Esther M. Infant and maternal behaviors regulate infant reactivity to novelty at 6 months. *Developmental Psychology* 40(6):1123–1132, November 2004.

Diener, M. L. and Mangelsdorf, S. C. Behavioral strategies for emotion regulation in toddlers: associations with maternal involvement and emotional expressions. *Infant Behavior & Development* 22(4):569–583, 1999.

Stifter, C. A. and Braungart, J. M. The regulation of negative reactivity in infancy: function and development. *Developmental Psychology* 31(3):448–455, May 1995.

20. "自动"感知力

Cicchino, Jessica B. and Rakison, David H. Producing and processing self-propelled motion in infancy. *Developmental Psychology* 44(5):1232–1241, September 2008.

Markson, Lori and Spelke, Elizabeth S. Infants' rapid learning about self-propelled objects. *Infancy* 9(1):45–71, January 2006.

21. 身体被拉长了!

Slaughter, Virginia and Heron, Michelle. Origins and early development of human body knowledge. *Monographs of the Society for Research in Child Development* 69(2):1–113, 2004.

Zieber, Nicole; Bhatt, Ramesh S.; Hayden, Angela; et al. Body representation in the first year of life. *Infancy* 15(5):534–544, September–October 2010.

22. 与阿卡贝拉共鸣

Ilari, Beatriz and Polka, Linda. Music cognition in early infancy: infants' preferences and long-term memory for Ravel. *International Journal of Music Education* 24(1):7–20, April 2006.

Ilari, Beatriz and Sundara, Megha. Music listening preferences in early life. *Journal of Research in Music Education* 56(4):357–369, January 2009.

23. 来自大自然的干扰

Newman, Rochelle S. The cocktail party effect in infants revisited: listening to one's name in noise. *Developmental Psychology* 41(2):352–362, March 2005.

Polka, Linda; Rvachew, Susan; and Molnar, Monika. Speech perception by 6- to 8-month-olds in the presence of distracting sounds. *Infancy* 13(5): 421–439, September 2008.

24. 蓄势待发的手势

Iverson, Jana M. and Fagan, Mary K. Infant vocal-motor coordination: precursor to the gesture-speech system? *Child Development* 75(4):1053–1066, July–August 2004.

Iverson, Jana M. and Thelen, Esther. Hand, mouth, and brain: the dynamic emergence of speech and gesture. *Journal of Consciousness Studies* 6(11–12): 19–40, 1999.

25. 该用几只手？

Corbetta, Daniela and Snapp-Childs, Winona. Seeing and touching: the role of sensory-motor experience on the development of infant reaching. *Infant Behavior and Development* 32(1):44–58, January 2009.

26. 魔镜魔镜

Fiamenghi, Geraldo A. Emotional expression in infants' interactions with their mirror images: an exploratory study. *Journal of Reproductive and Infant Psychology* 25(2):152–160, May 2007.

Amsterdam, Beulah. Mirror self-image reactions before age two. *Developmental Psychobiology* 5(4):297–305, 1972.

27. 抓住咖啡杯

Daum, Moritz M.; Vuori, Maria T.; Prinz, Wolfgang; and Aschersleben, Gisa. Inferring the size of a goal object from an actor's grasping movement in 6- and 9-month-old infants. *Developmental Science* 12(6):854–862, November 2009.

von Hofsten, Claes and Ronnqvist, Louise. Preparation for grasping an object: a developmental study. *Journal of Experimental Psychology: Human Perception and Performance* 14(4):610–621, November 1988.

28. 积极的小手

Fagard, Jacqueline and Marks, Anne. Unimanual and bimanual tasks and the assessment of handedness in toddlers. *Developmental Science* 3(2): 137– 147, May 2000.

Fagard, Jacqueline; Spelke, Elizabeth; and von Hofsten, Claes. Reaching and grasping a moving object in 6-, 8-, and 10-month-old infants: laterality and performance. *Infant Behavior and Development* 32(2):137–146, 2009.

29. 你想要的我也要

Hamlin, J. Kiley; Hallinan, Elizabeth V.; and Woodward, Amanda L. Do as I do: 7-month-old infants selectively reproduce others' goals. *Developmental Science* 11(4):487–494, August 2008.

30. 糟糕，爸爸／妈妈板起脸来了！

Meadow-Orlans,Kathryn P.; Spencer, Patricia Elizabeth; and Koester, Lynne Sanford. *The World of Deaf Infants: A Longitudinal Study.* New York: Oxford University Press, 2004.

Nadel, Jacqueline; Croue, Sabine; Mattlinger, Marie-Jeanne; et al. Do children with autism have expectations about the behaviours of unfamiliar people? *Autism* 4(2):133–145, June 2000.

31. 显而易见的"骤变"

Switcheroo Munakata, Yuko. Perseverative reaching in infancy: the roles of hidden toys and motor history in the AB task. *Infant Behavior and Development* 20(3):405–416, July 1997.

Smith, Linda B.; Thelen, Esther; Titzer, Robert; and McLin, Dewey. Knowing in the context of acting: the task dynamics of the A-not-B error. *Psychological Review* 106(2):235–260, April 1999.

32. 金发效应

Kidd, Celeste; Piantadosi, Steven T.; and Aslin, Richard N. The Goldilockseffect: human infants allocate attention to visual sequences that are neither too simple nor too complex. *PLoS ONE* 7(5):e36399, May 2012.

33. 谁来做我的观众?

Goldstein, Michael H.; King, Andrew P.; and West, Meredith J. Social interaction shapes babbling: testing parallels between birdsong and speech. *Proceedings of the National Academy of the Sciences of the United States of America* 100(13):8030–8035, 2003.

34. 看着我的眼睛

Beier, Jonathan S. and Spelke, Elizabeth S. Infants' developing understanding of social gaze. *Child Development* 83(2):486–496, March–April 2012.

35. 外表还是内核?

Dewar, Kathryn and Xu, Fei. Do early nouns refer to kinds or distinct shapes? Evidence from 10-month-old infants. *Psychological Science* 20(2):252–257, February 2009.

36. 演示与推理

Elsner, Birgit; Hauf, Petra; and Aschersleben, Gisa. Imitating step by step: a detailed analysis of 9- to 15-month-olds' reproduction of a three-step action sequence. *Infant Behavior & Development* 30(2):325–335, May 2007.

37. 别动我的玩具!

Hay, Dale; Hurst,Sarah-Louise; Waters, Cerith; and Chadwick, Andrea. Infants' use of force to defend toys: the origins of instrumental aggression. *Infancy* 16(5):471–489, September/October 2011.

38. 读取线索

Corkum, Valerie and Moore, Chris. The origin of joint visual attention in infants. *Developmental Psychology* 34(1):28–38, January 1998.

Mumme, Donna L. and Fernald, Anne. The infant as onlooker: learning from emotional reactions observed in a television scenario. *Child Development* 74(1):221–237, February 2003.

39. 徒步旅行

Adolph, Karen E.; Vereijken, Beatrix; and Shrout, Patrick E. What changes in infant walking and why. *Child Development* 74(2):475–497, March 2003.

40. 熟悉感和好吃的

Shutts, Kristin; Kinzler, Katherine D.; McKee, Caitlin B.; and Spelke, Elizabeth S. Social information guides infants' selection of foods. *Journal of Cognitive Development* 10(1–2): 1–17, January 2009.

41. 拿回来再玩

Karasik, Lana B.; Tamis-LeMonda, Catherine S.; and Adolph, Karen E. Transition from crawling to walking and infants' actions with objects and people. *Child Development* 82(4):1199–1209, July–August 2011.

42. 你不知道吧？我知道！

Baron-Cohen, Simon. The development of a theory of mind in autism: deviance and delay. *The Psychiatric Clinics of North America* 14(1):33–51, March 1991.

Onishi, Kristine H. and Baillargeon, Renée. Do 15-month-old infants understand false beliefs? *Science* 308(5719):255–258, April 8, 2005.

Surian, Luca; Caldi, Stefania; and Sperber, Dan. Attribution of beliefs by 13-month-old infants. *Psychological Science* 18(7):580–586, July 2007.

43. 头能代替手吗？

Gergely, György; Bekkering, Harold; and Király, Ildikó. Rational imitation in preverbal infants. *Nature* 415(6873):755, February 14, 2002.

Paulus, Markus; Hunnius, Sabine; Vissers, Marlies; and Bekkering, Harold. Imitation in infancy: rational or motor resonance? *Child Development* 82(4):1047–1057, July–August 2011.

44. 你说的……是哪个？

Vaish, Amrisha; Demir, Özlem Ece; and Baldwin, Dare. Thirteen-and 18-month-old infants recognize when they need referential information. *Social Development* 20(3):431–449, August 2011.

45. 神奇的小睡时间

Gomez, Rebecca L.; Bootzin, Richard R.; and Nadel, Lynn. Naps promote abstraction in language-learning infants. *Psychological Science* 17(8):670–674, August 2006.

Mander, Bryce A.; Santhanam, Sangeetha; Saletin, Jared M.; and Walker, Matthew P. Wake deterioration and sleep restoration of human learning. *Current Biology* 21(5):183–184, March 8, 2011.

46. 相同还是相似？

Stager, C. L. and Werker, J. F. Infants listen for more phonetic detail in speech perception than in word-learning tasks. *Nature* 388(6640):381–382, July 24, 1997.

Werker, Janet F.; Fennell, Christopher T.; Corcoran, Kathleen M.;

and Stager, Christine L. Infants' ability to learn phonetically similar words: effects of age and vocabulary size. *Infancy* 3(1):1–30, January 2002.

47. 模棱两可的"一个"

Lidz, Jeffrey; Waxman, Sandra; and Freedman, Jennifer. What infants know about syntax but couldn't have learned: experimental evidence for syntactic structure at 18 months. *Cognition* 89(3):65–73, October 2003.

48. 投桃报李

Dunfield, Kristen A. and Kuhlmeier, Valerie A. Intention-mediated selective helping in infancy. *Psychological Science* 21(4):523–527, April 2010.

49. 坏人应该受罚

Hamlin, J. Kiley; Wynn, Karen; Bloom, Paul; and Mahajan, Neha. How infants and toddlers react to antisocial others. *Proceedings of the National Academy of Sciences of the United States of America* 108:19931–19936, 2011.

50. 你难道不知道吗?

Moll, Henrike; Carpenter, Malinda; and Tomasello, Michael. Social engagement leads 2-year-olds to overestimate others' knowledge. *Infancy* 16(3): 248–265, May/ June 2010.

Luo, Yuyan; and Baillargeon, Renée. Do 12. 5-month-old infants consider what objects others can see when interpreting their actions? *Cognition* 105(3):489–512, December 2007.